Be
Da gkeit

Mathematische Kompetenzen aufbauen und fördern

Klasse 3

Mit guten Aufgaben und Lernumgebungen Grundschüler zum aktiv-entdeckenden Lernen anleiten

Auer Verlag

Der Herausgeber:

Dr. Bernd Ganser: Schulpsychologe, langjährige Tätigkeit in der Lehrerfortbildung, zahlreiche Veröffentlichungen als Herausgeber

Die Autorinnen:

Marina Scheel: Grundschullehrerin, SINUS-Multiplikatorin

Daniela Selmigkeit: Grundschullehrerin, SINUS-Multiplikatorin

Gedruckt auf umweltbewusst gefertigtem, chlorfrei gebleichtem
und alterungsbeständigem Papier.

1. Auflage 2013
Nach den seit 2006 amtlich gültigen Regelungen der Rechtschreibung

Illustrationen: Corina Beurenmeister
Satz: Satz & mehr, Bad Nenndorf
Druck und Bindung:
ISBN 978-3-403-**07011**-5

www.auer-verlag.de

Inhalt

Vorwort

Sie haben sich entschlossen, Ihren Mathematikunterricht noch zeitgemäßer zu planen, Ihren Schülern[1] verstärkt selbstentdeckende und kompetenzorientierte Lernprozesse zu ermöglichen? Sie möchten als Lehrkraft abrücken von der reinen Belehrung, sehen Ihre Rolle eher als Lernmoderator und Lerncoach, der auch aktiv-entdeckendes Lernen und Eigenproduktionen von Schülern verstärkt in seinen Mathematikunterricht einbinden will?

Ob als Einsteiger in den offenen Mathematikunterricht oder schon als Fortgeschrittener: Sie verfügen mit diesem Buch über eine Fülle von kreativen und motivierenden Bausteinen, die Schüler mit unterschiedlichem Leistungsvermögen zu einem mathematischen Verständnis befähigen, Probleme eigenständig anzugehen, mit verschiedenen Strategien zu lösen und die Lösungen auf ähnliche Probleme zu übertragen.

Durch die offen gehaltenen Aufgabenformen ist insbesondere auch die individuelle Passung an das aktuelle Leistungsniveau bestens gewährleistet. Somit entfallen für Sie ebenfalls die zeitraubende Vorbereitung und aufwendige Herstellung weiterer differenzierender Materialien.
Multimodale Lernchancen setzen besonders nachhaltige, auf Einsicht basierende Lernprozesse in Gang. Vor allem auch die Hinweise unter dem Punkt „So kann es weitergehen" ermöglichen jedem Schüler, nach seinem individuellen Arbeitstempo voranzuschreiten, ohne dass für andere Leerlauf entsteht.

Das Vorgehen im Einzelnen (siehe „Zum Aufbau der Lernumgebung") wird jeweils Schritt für Schritt mit Unterstützung durch hilfreiche Abbildungen erklärt.
Jede Einheit ist nach derselben Struktur aufgebaut:

- Inhaltsbezogene Kompetenzen
- Prozessbezogene Kompetenzen
- Dauer
- Material
- Grundanliegen: Darum geht es
- Sachanalyse: Das steckt dahinter
- Lernchancen (nicht in allen Einheiten)
- Praktische Umsetzung. So kann man vorgehen
- Lösungsbeispiele: Das haben die Schüler entdeckt
- Weiterarbeit: So kann es weitergehen

Werden Kopiervorlagen benötigt, sind diese der Einheit immer direkt angehängt.

Am Ende des Werkes finden Sie ein „Kleines Lexikon eines aktiv-entdeckenden Unterrichts", das alle wichtigen Begriffe des kompetenzorientierten Mathematikunterrichts verständlich erklärt.

Sämtliche in diesem Buch enthaltenen Inhalte sind mehrfach praxiserprobt.

Mit diesen altersadäquaten Ideen direkt aus der Praxis gelingt es Ihnen, Ihre Schüler für mathematische Inhalte zu begeistern und so erfolgreich subjektive Lernprozesse zu initiieren.

Viel Freude und Erfolg beim Arbeiten mit diesem Buch wünschen Ihnen

Dr. Bernd Ganser	Marina Scheel	Daniela Selmigkeit
Herausgeber	Autorin	Autorin

1 Aufgrund der besseren Lesbarkeit ist in diesem Buch mit Schüler auch immer Schülerin gemeint, ebenso verhält es sich mit Lehrer und Lehrerin.

Kompetenzübersicht (prozess- und inhaltsbezogen)

Lernumgebung	Inhaltsbezogene Kompetenz	Prozessbezogene Kompetenz				
	Zahlen und Operationen	**P**	**K**	**D**	**A**	**M**
„Die Hälfte hätte uns ungefähr noch gefehlt!“ – Die „1 000“ entdecken	Zahldarstellungen und Zahlbeziehungen verstehen	X	X	X		
„Aber weniger als Null geht doch gar nicht!“ – Rechenkonferenz zur halbschriftlichen Subtraktion anbahnen und durchführen	Rechenoperationen verstehen und beherrschen		X	X	X	
„Zuerst streng ich mich eben ein bisschen an!“ – Schriftliche Addition mit Ziffernkarten trainieren	Rechenoperationen verstehen und beherrschen	X	X		X	
„Deinen Weg finde ich ganz toll!“ – Lösungswege einer Denksportaufgabe in einer Rechenkonferenz vergleichen	In Kontexten rechnen	X	X	X	X	
	Raum und Form	**P**	**K**	**D**	**A**	**M**
„Wir haben, was gleich passen könnte, geordnet!“ – Vierecke auf dem Geobrett erforschen	Geometrische Figuren erkennen, benennen und darstellen	X	X		X	
„Weißt du, welchen Körper ich meine?“ – Das Körperbuch	Geometrische Figuren erkennen, benennen und darstellen		X	X		X
	Muster und Strukturen	**P**	**K**	**D**	**A**	**M**
„Weil, wenn das Ganze fertig ist, ergibt es ein Muster!“ – Würfel kippen	Gesetzmäßigkeiten erkennen, beschreiben und darstellen	X	X	X	X	
„Aber mir gefällt Kombinieren!“ – Kombinatorik musikalisch	Funktionale Beziehungen erkennen, beschreiben und darstellen	X	X	X	X	X
	Größen und Messen	**P**	**K**	**D**	**A**	**M**
„Jetzt weiß ich endlich den Unterschied zwischen Kilo und Gramm!“ – Eine Ausstellung über Gewichte und Waagen planen	Größenvorstellungen besitzen; Mit Größen in Sachsituationen umgehen		X	X	X	
„Wann messen wir weiter?“ – Einführung der Notation von Längenmaßen	Größenvorstellungen besitzen		X	X	X	X
„Das muss ich jetzt eigentlich erst einmal wissen!“ – Fermi-Aufgaben lösen	Mit Größen in Sachsituationen umgehen	X	X	X	X	X
	Daten, Häufigkeit und Wahrscheinlichkeit	**P**	**K**	**D**	**A**	**M**
„Weil Würfeln ist nur Glück!“ – Dem Zufall durch Würfelexperimente auf die Spur kommen	Wahrscheinlichkeit von Ereignissen in Zufallsexperimenten vergleichen	X	X	X	X	

Zum Aufbau der Lernumgebungen

Die einzelnen Lernumgebungen sind jeweils nach dem gleichen Schema dargestellt, mit einem kurzen und übersichtlichen Theorieteil und den anhängenden Kopiervorlagen (sofern vorhanden für die jeweilige Lernumgebung).

Im Theorieteil finden sich immer die folgenden Angaben:

Inhaltsbezogene Kompetenzen
→ Hier sind die jeweiligen Detailkompetenzen aus den Leitideen „Zahlen und Operationen", „Raum und Form", „Muster und Strukturen", „Größen und Messen" sowie „Daten, Häufigkeit und Wahrscheinlichkeit", die in der Lernumgebung behandelt werden, aufgeführt.

Prozessbezogene Kompetenzen
→ Hier wird benannt, welche der allgemeinen mathematischen Kompetenzen „Darstellen", „Modellieren", „Argumentieren", „Kommunizieren" und „Problemlösen" in der Lernumgebung zum Tragen kommen.

Dauer
→ In Unterrichtsstunden ist hier angegeben, wie viel Zeit die Lernumgebung in Anspruch nimmt.

Material
→ Hier sind sowohl die anhängenden Kopiervorlagen aufgelistet als auch das Material, das sonst noch benötigt wird.

Darum geht es
→ Kurz und knapp zusammengefasst findet sich hier der zentrale Inhalt der Lernumgebung.

Das steckt dahinter
→ Hier wird in Form einer fundierten Sachanalyse nochmals die Intention erläutert, die hinter der jeweiligen Lernumgebung steckt.

Lernchancen
→ Wo es sich entsprechend angeboten hat, werden hier nochmals Lernchancen explizit aufgelistet (dieser Punkt findet sich nicht in jedem Theorieteil).

So kann man vorgehen
→ Hier wird eine mögliche Durchführung skizziert, wie sie bereits erfolgreich in der Praxis umgesetzt wurde. Dabei wird auch auf mögliche Fallstricke eingegangen. Zur Veranschaulichung finden sich zum Teil auch Fotos der Unterrichtssituationen. In der Durchführung wird auch immer wieder auf das „Kleine Lexikon eines aktiv-entdeckenden Unterrichts" hingewiesen, in dem die erwähnten Fachbegriffe nochmals nachgeschlagen werden können.

Das haben die Schüler entdeckt
→ Schülerbeispiele aus der Praxis zeigen hier, welche Ergebnisse die Lernumgebungen hervorbringen können.

So kann es weitergehen
→ Hier sind Vorschläge aufgeführt, wie die Inhalte der Lernumgebung weiter vertieft werden können.

„Die Hälfte hätte uns ungefähr noch gefehlt!“ – Die „1 000“ entdecken

Inhaltsbezogene Kompetenzen: Zahldarstellungen und Zahlbeziehungen verstehen

Prozessbezogene Kompetenzen: Problemlösen, Kommunizieren, Darstellen

Dauer: 2 Unterrichtsstunden

Material: KV 1 „Karten zur Gruppeneinteilung“, Arbeitsblatt „Wie viele Bonbons sind es?“ (KV 2), Arbeitsblatt „Die Zahl 1 000“ (KV 3/4)

Darum geht es:
Zum Beginn der Sequenz zur Zahlraumerweiterung sollen die Schüler die Zahl 1 000 überblicken und erfassen. Dazu wählen sie selbstständig geeignetes Material zur Darstellung aus und präsentieren ihr Arbeitsergebnis. Um die Aufgabe effektiv lösen zu können, müssen die Kinder das Bündeln anwenden und gelangen so zu tieferen Einsichten in den Aufbau des neuen Zahlraumes.

Das steckt dahinter:

Die Schüler sollen den neuen Zahlenraum ganzheitlich erfassen. Dabei hilft es ihnen, sich die Anzahl 1 000 konkret vorzustellen. Durch geschicktes Bündeln in 100er-, 50er-, 25er- oder 10er-Einheiten wird der dekadische Aufbau unseres Zahlensystems sichtbar. Im optimalen Fall kann man hier auf vertiefte Kenntnisse zum Zahlraumaufbau aus den Klassen 1 und 2 zurückgreifen. Durch den Austausch in der Zufallsgruppe wird aber forciert, dass die Schüler sich hier zusätzlich gegenseitig unterstützen und korrigieren. Nur dann, wenn die Schüler wirklich das Bündeln und geschickte Zusammenzählen verinnerlicht haben, können sie flexibel mit dem Zahlenraum umgehen und auch später sicher in diesem rechnen.
In der vorliegenden Unterrichtseinheit müssen die Schüler nun zunächst selbst eine geschickte Bündelung finden, dabei entdecken sie geeignete und weniger geeignete Formen. Durch die kreative Auswahl der Darstellung finden verschiedene Zahlaspekte ihre Würdigung. Eine Gruppe stellte die Zahl 1 000 als Ordnungszahl dar, nämlich als 1 000ste Seite des Rechtschreibdudens , andere wiederum stellten die 1 000 als Kardinalzahl (Anzahl) mit konkreten Gegenständen (Zahnstocher) dar. Eine Gruppe stellte sogar den Maßzahlaspekt heraus, als sie einen Liter Milch im Messbecher als 1 000 ml präsentierte. Dadurch dass die Schüler selbst die verschiedenen Darstellungsformen auswählen, erlangen sie eher eine intuitive Einsicht in die verschiedenen Aspekte als durch das gemeinsame Bearbeiten verschiedener Arbeitsblätter oder Buchseiten zum Thema. Auch benutzten die Schüler unterschiedliche Ebenen des Zahlbegriffs. Manche Lösungen kamen beispielsweise zeichnerisch zustande, andere auf der symbolischen Ebene.

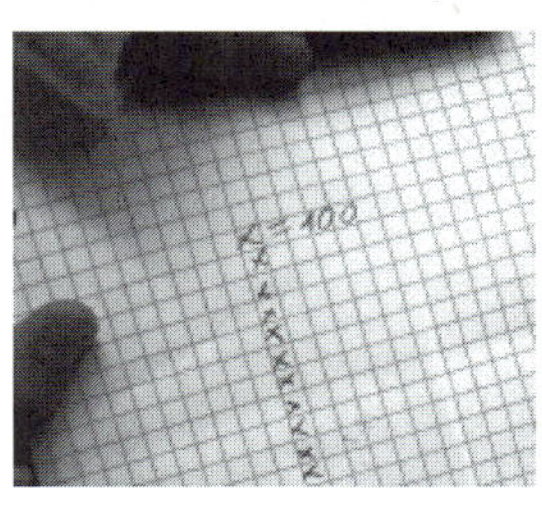

Lernchancen:

- Zahlen bis 1 000 auf verschiedene Weise darstellen, verschiedene Darstellungsformen kennenlernen, Vor- und Nachteile verschiedener Darstellungsformen diskutieren
- den Aufbau des dezimalen Stellenwertsystems durch geschicktes Bündeln verstehen
- sich im Zahlenraum bis 1 000 orientieren

- im Gruppenprozess mitarbeiten und eigene Vorstellungen einbringen sowie gegebenenfalls korrigieren

So kann man vorgehen:

Als vorbereitende Hausaufgabe (→ Vorbereitende Hausaufgabe) erhalten die Schüler den Auftrag, 1 000 Dinge aus ihrem Haushalt mitzubringen. In der Praxiserprobung stellte sich schnell heraus, dass dies nur mit Gegenständen durchgeführt werden kann, die relativ klein sind, z. B. Puzzleteile oder Reiskörner. Viele Kinder machten, um die richtige Anzahl (nämlich 1 000) mitzubringen, so schon eigenständig erste Erfahrungen mit dem bündelnden Zählen.
Als „Warm-Up“ startet nun die Klasse einen Museumsrundgang, um die verschiedenen Darstellungen zu betrachten. Am Ende entsteht so eine „1 000er-Ausstellung“. Sehr wichtig ist hier der sich anschließende Impuls für die Schüler: „Was hast du zu Hause alles überlegt? Mit welchen Gegenständen hat es nicht geklappt? Weißt du jetzt, warum es (nicht) geklappt hat?“
Zur Einführung in den neuen Zahlenraum wird das Arbeitsblatt „Wie viele Bonbons sind es?“ (KV 2) bearbeitet und besprochen. Nun beginnt die eigentliche Erarbeitung, die 1 000 soll entdeckt werden:

Stellt die Zahl 1 000 so dar, dass man sie gut erkennen kann. Sucht euch dafür selbst Dinge, Materialien, Gegenstände oder Zeichnungen aus.

Zur Bearbeitung dieser Aufgabe werden die Schüler mithilfe der Tierkarten (KV 1) in Zufallsgruppen eingeteilt. Es finden sich immer drei Kinder mit dem entsprechenden Tier zusammen. So werden auch gleich die Posten der Gruppenarbeit (Schreiber, Vorleser, Zeitwächter) eindeutig verteilt. Natürlich kann hier jeder Lehrer auch seine eigene Methode zur Gruppeneinteilung anwenden.
In der Praxis begannen die Kinder rasch damit, an ihrer Lösung zu arbeiten. Dabei waren intensive Diskussionen und ein reger Austausch beobachtbar.

Jeder Einzelne musste sich noch einmal vergegenwärtigen, wie viel denn 1 000 wirklich ist und wie man diese große Anzahl geschickt darstellen kann.

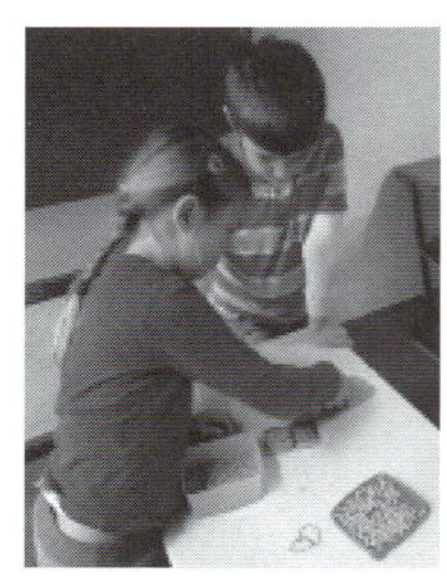

Vor der Präsentation füllen die Schüler einen Arbeitsbericht (KV 3/4) aus, um noch einmal ihren Arbeitsprozess zu reflektieren. Die Vorstellung der Ergebnisse kann auch auf den nächsten Schultag verlegt werden.

Hier hat sich in der Praxis als besonders interessant herausgestellt, dass die Schüler so unterschiedliche Möglichkeiten gefunden hatten. Auf diese Weise konnten die verschiedenen Zahlaspekte bei der Präsentation erkannt werden. Allen Schülern wurde bewusst, dass das Darstellen eines jeden einzelnen Elementes sehr mühsam und das Bündeln geschickter war.

Das haben die Schüler entdeckt:

Stellvertretend für die verschiedenen Gruppen soll hier die Arbeit der Gruppe von Helena, Madeleine und Anna aufgezeigt werden. Diese Gruppe entschied sich, die 1 000 als Anzahl verschiedener Symbole darzustellen (Herzen, Sterne etc.).

Schnell merkten sie, dass sie sich eine mühevolle Aufgabe ausgesucht hatten. In der Reflexion wird ihr gemeinsamer Lernzuwachs sehr deutlich ausgedrückt, wie ein Auszug aus dem Arbeitsbericht zeigt:

1. Welche Ideen hattet ihr zu Beginn?
Immer Zehnerschritte.
2. Welche Fragen und Probleme hattet ihr während der Arbeit?
Also wir hatten zum Schluss ein paar Probleme gehabt, mit dem Zählen ein bisschen.
3. Wie habt ihr euren Plan durchgeführt? Seid ihr fertig geworden? Wenn nein, warum nicht?
Jeder durfte eine Seite schreiben und eine Rückseite, das hat auch gut geklappt.
5. Was war schwierig? ☹
Er war schwierig, weil die Zeit nicht so gereicht hat. Die Hälfte von 1 000 hätte uns ungefähr noch gefehlt.
6. Worauf seid ihr besonders stolz? ☺
Dass wir gut miteinander ausgekommen sind.

Hier sieht man ganz deutlich, dass die Schüler von selbst eingesehen haben, dass eine Zehner-Bündelung bei so einer großen Anzahl im Nachhinein unpraktisch war. Auch der prozessbezogene Lernprozess (diskutieren, kommunizieren) wird deutlich von den Schülern reflektiert.

Andere Gruppen präsentierten andere Ergebnisse:

So kann es weitergehen:

Die Schüler entdecken den 1 000er weiter am 1 000er-Buch. In der Praxiserprobung durften sie hier unter anderem selbst Forscheraufgaben erfinden, z. B.:

- „Suche Zahlen im Tausenderbuch, bei denen es 0 Einer und 0 Zehner gibt.“ (von Johannes und Friedrich)
- „Suche 3-stellige Zahlen, die immer die gleiche Ziffer haben, z. B.: 333.“ (von Helena und Magdalena)

Hierbei war es sehr interessant, vorab mit den Kindern kurz darüber zu diskutieren, was ein „Forscher“ eigentlich ist. Antworten waren unter anderem:

- „Er beobachtet wilde Tiere in Afrika.“ (Manfred)
- „Er versucht herauszukriegen, was andere noch nicht wissen.“ (Andre)
- „Er beobachtet etwas lange genug, er versucht, etwas zu sehen, was noch keiner gesehen hat.“ (Julie)

Weitere Möglichkeiten zur Vertiefung der Zahlraumerweiterung ergeben sich beim Legen und Verändern von Zahlen in der Stellenwerttafel oder beim Erstellen von Zahlrätseln.

KV 1 „Karten zur Gruppeneinteilung“
(erweiterbar durch Kopieren auf verschiedenfarbiges Papier)

Schreiber 	Vorleser 	Zeitwächter 
Schreiber 	Vorleser 	Zeitwächter 
Schreiber 	Vorleser 	Zeitwächter 
Schreiber 	Vorleser 	Zeitwächter 
Schreiber 	Vorleser 	Zeitwächter 
Schreiber 	Vorleser 	Zeitwächter 
Schreiber 	Vorleser 	Zeitwächter 

KV 2 Wie viele Bonbons sind es? Name:

Es sind ________________ Bonbons.

So habe ich es herausgefunden:

____

____

____

KV 3 **Die Zahl 1 000 (1)** Name:

Schreibt nun einen kurzen Bericht. Zu jeder der Fragen solltet ihr mindestens einen Satz schreiben.

In unserer Gruppe sind: ______________________________

1. Welche Ideen hattet ihr zu Beginn?

____

____

____

2. Welche Fragen und Probleme hattet ihr während der Arbeit?

____

____

____

____

3. Wie habt ihr euren Plan durchgeführt? Seid ihr fertig geworden? Wenn nein, warum nicht?

____

____

____

____

4. Wie hat das gemeinsame Arbeiten geklappt?

____

____

____

____

KV 4 **Die Zahl 1 000 (2)** Name:

5. Was war schwierig? ☹

6. Worauf seid ihr besonders stolz? ☺

Das wollen wir noch zu dieser Aufgabe sagen:

„Aber weniger als Null geht doch gar nicht!“ – Rechenkonferenz zur halbschriftlichen Subtraktion anbahnen und durchführen

Inhaltsbezogene Kompetenzen:	Rechenoperationen verstehen und beherrschen
Prozessbezogene Kompetenzen:	Darstellen, Kommunizieren, Argumentieren
Dauer:	2–3 Unterrichtsstunden (Kopfrechenvorlauf mindestens 1 Woche)
Material:	Arbeitsblatt „Standortbestimmung“ (KV 5), Arbeitsblatt mit individuellen Lösungswegen der Kinder (Erstellung durch Lehrer), Arbeitsblatt „Weitere Minusaufgaben“ (KV 6)

Darum geht es:
Halbschriftliche Rechenwege sollen verstanden und bei geeigneten Aufgaben angewandt werden. Als Ausgangsmaterial dienen dafür Lösungswege der eigenen Klasse, die als Standortbestimmung den Beginn dieser Unterrichtseinheit darstellen. Die unterschiedlichen Strategien der Schüler werden in Einzel- und Partnerarbeit verglichen, geordnet, überprüft, bewertet sowie kommentiert und dann im Plenum besprochen. Den Abschluss bildet eine Erprobung der erarbeiteten Rechenwege.

Das steckt dahinter:

Während man bei schriftlichen Verfahren mit Ziffern operiert, arbeitet man beim halbschriftlichen Rechnen mit Zahlen und Zahlvorstellungen und nutzt eventuell Rechengesetze zum vorteilhaften Rechnen aus. Das halbschriftliche Rechnen fördert somit das Zahl- und Operationsverständnis und trainiert das wendige Rechnen im Kopf. Es lohnt sich deshalb, sich intensiver mit diesem Verfahren zu beschäftigen, bevor man zum schriftlichen Rechnen übergeht.
Die Kinder sollen in einem ganzheitlichen Vorgehen Wege der Subtraktion kennenlernen, ausprobieren und als Lösungsmöglichkeit für ihr Minusrechnen nutzen. Dabei geht es nicht darum, alle möglichen Rechenstrategien bis zur sicheren Geläufigkeit zu trainieren. Die Auseinandersetzung mit unterschiedlichen Strategien fördert vielmehr ein vertieftes Verständnis der Subtraktion. Am Ende sollen die Schüler für sich den Weg nutzen, der ihnen bei der Lösung einer Aufgabe am vorteilhaftesten erscheint.
Schriftliche Eigenproduktionen, sogenannte Standortbestimmungen (→ Standortbestimmungen/Eigenproduktionen), bei unbekannten, noch nicht behandelten Aufgaben zu Beginn dieser Einheit herauszufordern, ist ein gutes Mittel, die Kinder zu einer eigenständigen Auseinandersetzung mit Mathematik anzuregen. Zudem geben sie Informationen über jeden Schüler und können als Material für den weiteren Unterricht genutzt werden. Zur Ausgangsaufgabe (265 – 127) könnten bei der Standortbestimmung folgende Rechenstrategien und Darstellungen zur Subtraktion von den Schülern produziert werden:

- Rechnen der Reihe nach:

265 – 100 = 165	265 – 7 = 258
165 – 20 = 145	258 – 20 = 238
145 – 7 = 138	238 – 100 = 138

• Rechnen der Reihe nach am Rechenstrich:

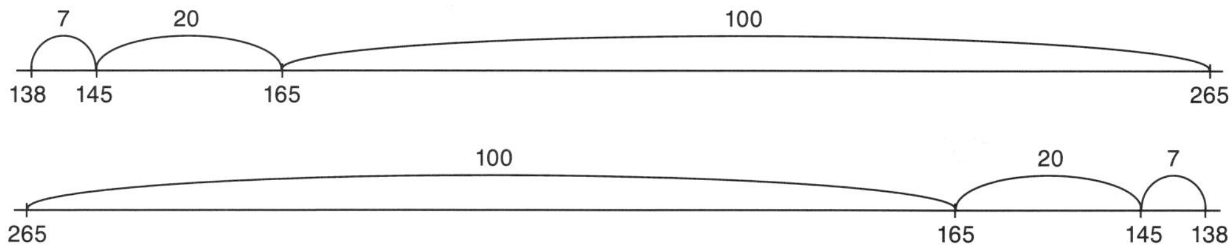

• Lösen durch Ergänzen:
127 + 73 + 65 = 265
127 + 138 = 265

• Hilfsaufgabe zum Lösen nutzen:
265 – 130

• Vereinfachte Aufgabe (gleichsinniges Verändern) zum Lösen nutzen:
268 – 130

• Stellenwerte voneinander abziehen:
200 – 100 = 100
60 – 20 = 40
5 – 7 = – 2
100 + 40 – 2 = 138

Die Auseinandersetzung der Schüler mit den unterschiedlichen Strategien, das Vergleichen, Ordnen, Klassifizieren und Kommentieren in Einzel-, Partner- und Gruppenarbeit fördern neben einem tieferen Verständnis für die Sache prozessbezogene Kompetenzen wie Kommunizieren, Darstellen und Argumentieren.
Rechenschwache Kinder können durch eine Rechenkonferenz, wie sie im Folgenden beschrieben wird, sicher profitieren, scheitern aber eventuell daran, Verfahren nachzuvollziehen oder anzuwenden. Hier ist zu überlegen, ob die Strategie „Der Reihe nach“ als Normalverfahren eingeübt wird oder ob diesen Kindern frühzeitig das Verfahren der schriftlichen Subtraktion gezeigt wird.

So kann man vorgehen:

Weil beim halbschriftlichen Rechnen Zwischenschritte im Kopf berechnet werden müssen, lohnt es sich, vor der eigentlichen Auseinandersetzung mit den halbschriftlichen Rechenwegen das Kopfrechnen zu trainieren. Wenn Schüler das Subtrahieren an „einfachen Minusaufgaben“ automatisiert haben, fällt es ihnen in der Regel leichter, die unterschiedlichen Strategien nachzuvollziehen und anzuwenden. Dafür wird das Abziehen von Einern, glatten Zehnern und glatten Hundertern im Tausenderraum eingeführt und geübt (z. B. 456 – 8, 456 – 80 oder 456 – 300).
Wenn diese einfachen Kopfrechenaufgaben automatisiert sind, beginnt die Unterrichtseinheit mit einer Standortbestimmung auf der KV 5 (→ Standortbestimmungen/Eigenproduktionen), bei der jeder Schüler dazu aufgefordert wird, die Aufgabe 265 – 127 zu rechnen oder den Weg mit Zahlenbildern oder Rechenstrichen zu visualisieren. Schnellere Schüler werden im Anschluss daran gebeten, ihre Strategie zu verschriftlichen.
Die eingesammelten Lösungswege sind einerseits eine gute Analysemöglichkeit, bei der der Lehrer erkennt, wo der einzelne Schüler steht, andererseits können sie wunderbar für den weiteren Unterricht genutzt werden. Dafür muss sich der Lehrer aber intensiv mit den Lösungen der Kinder beschäftigen, sich ins Denken der Kinder hineinversetzen und aus allen Produkten vier bis fünf „besprechenswerte“ Rechenwege für die nächste Stunde aussuchen (→ Auswahl von Materialien).

Festgehalten werden die ausgesuchten Lösungswege der Kinder auf einem Arbeitsblatt:

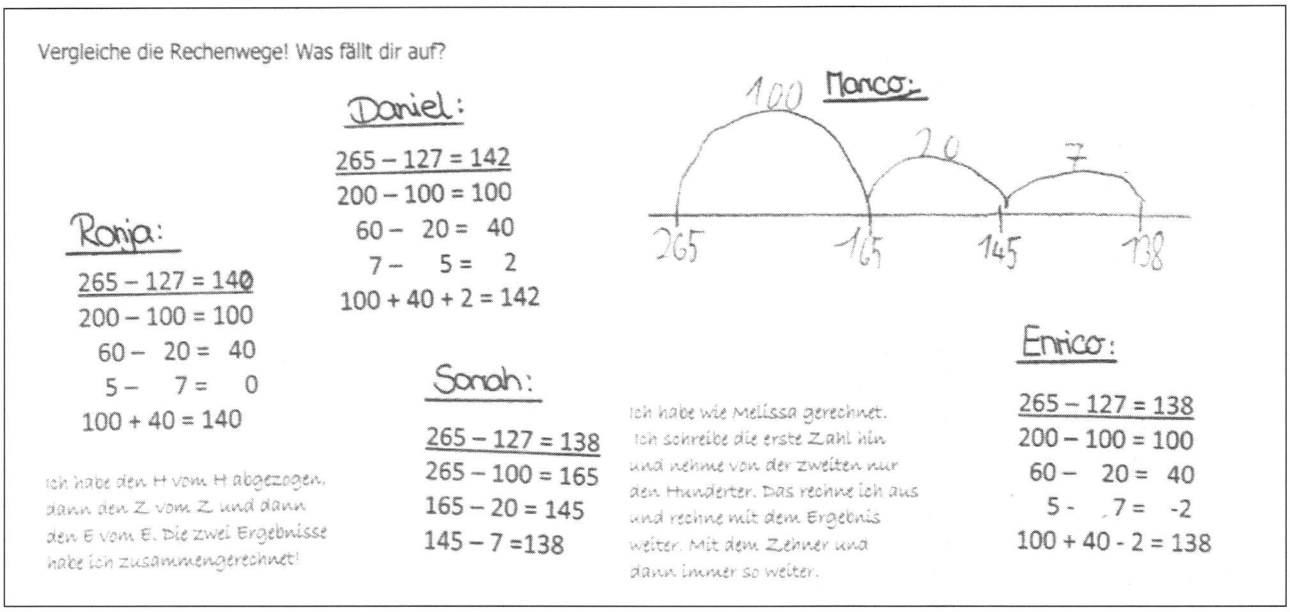
Vergleiche die Rechenwege! Was fällt dir auf?

Ronja:
265 – 127 = 140
200 – 100 = 100
60 – 20 = 40
5 – 7 = 0
100 + 40 = 140
Ich habe den H vom H abgezogen, dann den Z vom Z und dann den E vom E. Die zwei Ergebnisse habe ich zusammengerechnet!

Daniel:
265 – 127 = 142
200 – 100 = 100
60 – 20 = 40
7 – 5 = 2
100 + 40 + 2 = 142

Sarah:
265 – 127 = 138
265 – 100 = 165
165 – 20 = 145
145 – 7 =138
Ich habe wie Melissa gerechnet. Ich schreibe die erste Zahl hin und nehme von der zweiten nur den Hunderter. Das rechne ich aus und rechne mit dem Ergebnis weiter. Mit dem Zehner und dann immer so weiter.

Marco:

Enrico:
265 – 127 = 138
200 – 100 = 100
60 – 20 = 40
5 – 7 = -2
100 + 40 - 2 = 138

Ein solches Arbeitsblatt wie abgebildet steht im Mittelpunkt der folgenden Stunde. Die Schüler bekommen es ausgeteilt und müssen sich in der Einzelarbeit mit den fünf unterschiedlichen Wegen ihrer Mitschüler auseinandersetzen. Dabei werden sie aufgefordert, ihre Gedanken schriftlich festzuhalten. Die Arbeitsaufträge dazu: „Vergleiche die Rechenwege! Was fällt dir auf?“ ermöglichen vielfältige Aktivitäten:

Die Schüler können

- richtige oder falsche Lösungen erkennen und Vermutungen für eventuelle Fehlerquellen aufstellen.
- ähnliche Wege und Darstellungen zusammenordnen und unterschiedliche voneinander abgrenzen.
- versuchen, die Wege der anderen zu verstehen.
- effiziente und weniger effiziente Wege entdecken.
- klassifizieren: sich überlegen, welche Wege ihnen am besten gefallen und warum das so ist.
- Lösungsstrategien ihrer Mitschüler kommentieren: ihre Fragen und Gedanken dazu aufschreiben.

Diese Auseinandersetzung in der Einzelarbeit dauert etwa zehn bis fünfzehn Minuten. Daran kann sich ein Austausch mit dem Partner oder in der Kleingruppe anschließen; es kann aber auch direkt ins Plenum (→ Kommunizieren im Plenum/Präsentieren der Ergebnisse) übergegangen werden. Dafür eignet sich besonders gut ein Sitzhalbkreis vor der Tafel, wo die einzelnen Lösungswege des Arbeitsblattes groß kopiert für alle sichtbar angebracht werden. Der Lehrer ist Moderator des Gesprächs und steuert es (→ Moderation von Lernprozessen).

Das haben die Schüler entdeckt:

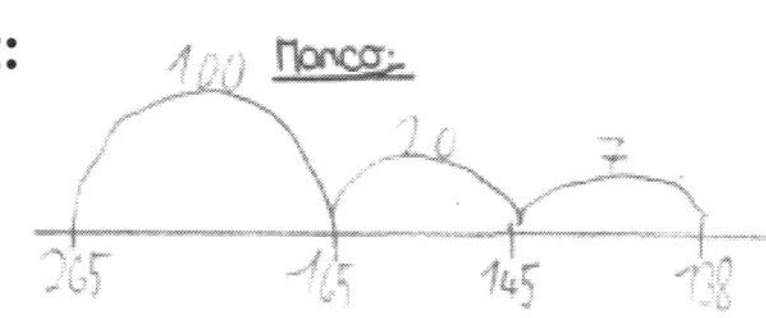

Im Unterrichtsgespräch erkannten die Kinder, dass Marcos Rechenstrich zwar zum richtigen Ergebnis führte, aber verkehrtherum gezeichnet war. Außerdem ordneten sie seinen Rechenstrich Sarahs Weg

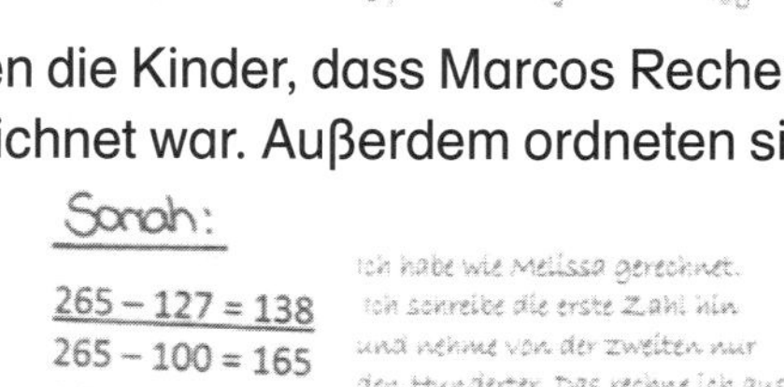
Sarah:
265 – 127 = 138
265 – 100 = 165
165 – 20 = 145
145 – 7 =138
Ich habe wie Melissa gerechnet. Ich schreibe die erste Zahl hin und nehme von der zweiten nur den Hunderter. Das rechne ich aus und rechne mit dem Ergebnis weiter. Mit dem Zehner und dann immer so weiter.

zu und meinten, dass beide eigentlich gleich vorgegangen wären. Sie hätten beide „der Reihe nach gerechnet“, aber unterschiedliche Darstellungsformen benutzt. Viele bevorzugten Marcos „kürzere“ Darstellung, besonders nachdem sie beide ausprobiert hatten.

Ronjas, Daniels und Enricos Wege wurden von den Schülern auch nebeneinander gestellt:

Ronja:	Daniel:	Enrico:
265 – 127 = 140	265 – 127 = 142	265 – 127 = 138
200 – 100 = 100	200 – 100 = 100	200 – 100 = 100
60 – 20 = 40	60 – 20 = 40	60 – 20 = 40
5 – 7 = 0	7 – 5 = 2	5 - 7 = -2
100 + 40 = 140	100 + 40 + 2 = 142	100 + 40 - 2 = 138
Ich habe den H vom H abgezogen, dann den Z vom Z und dann den E vom E. Die zwei Ergebnisse habe ich zusammengerechnet!		

Alle drei wollten nach dem Verfahren „Stellenwerte voneinander abziehen" vorgehen, aber nur Enrico erzielte das richtige Ergebnis. Ronja erklärte ihren Mitschülern im Gespräch, dass man in der 3. Klasse ja noch nicht mit Minuszahlen rechnen könne und sie deshalb die Null als Ergebnis bei den Einern erreicht hätte. Daniels Fehler, die Einer einfach umzudrehen, wurde den Kindern besonders gut im Vergleich mit Enrico klar, der die Einer richtig voneinander abgezogen hatte. Den Abschluss des Gesprächs bildete die Feststellung, dass man dieses Verfahren bei Minusaufgaben nicht immer wirklich gut anwenden könne.

So kann es weitergehen:

Mit weiteren Minusaufgaben (KV 6) erprobten die Schüler in der Praxis jeden Tag einen anderen Weg. Es wurden zum Beispiel alle Aufgaben nach Sarahs Weg gerechnet oder man verwendete Marcos Rechenstrich zum Lösen der Aufgaben. Viele Kinder tauschten daraufhin ihren zuerst favorisierten Weg gegen einen anderen, „einfacheren" oder „effektiveren" Weg um.
Nach eingehender Auseinandersetzung mit den Rechenwegen der Klasse lernten die Kinder dann Hilfsaufgaben (265 – 130 = 135, 135 + 3 = 138), vereinfachte Aufgabe (268 – 130 = 138) und auch Ergänzungsaufgaben (für Subtraktionsaufgaben mit benachbarten Zahlen: 502 – 496; 496 + _____ = 502) als Lösungsstrategien kennen. In Rechenkonferenzen wurden auch diese Lösungswege diskutiert und ausprobiert.
Zum weiteren Üben wurden produktive Übungsformate (→ produktive Übungsformate) wie „Schöne Päckchen" und „Zahlenmauern" genutzt.

KV 5 Standortbestimmung

Name:

Rechne auf deinem Weg.

265 – 127

Für Schnelle: Was hast du gemacht? Erkläre.

____

____

____

____

KV 6 Weitere Minusaufgaben

Name:

Rechne auf ____________ Weg.

a)	b)	c)
664 – 228	543 – 139	672 – 265
776 – 119	682 – 254	372 – 245
665 – 227	791 – 167	594 – 368
824 – 657	514 – 284	623 – 481
248 – 163	865 – 459	924 – 564

„Zuerst streng ich mich eben ein bisschen an!“ – Schriftliche Addition mit Ziffernkarten trainieren

Inhaltsbezogene Kompetenzen:	Rechenoperationen verstehen und beherrschen
Prozessbezogene Kompetenzen:	Problemlösen, Kommunizieren, Argumentieren
Dauer:	1–2 Unterrichtsstunden
Material:	Arbeitsblätter „3-stellige Zahlen addieren“ (KV 7/8) als Karteikarten, Ziffernkarten (KV 9), Signalkarten „Forschertreff“ (KV 10/11), Ergebnisblatt

Darum geht es:
Mithilfe von Ziffernkarten wird die schriftliche Addition geübt. Alle Kinder der Klasse bekommen dieselbe Aufgabe und arbeiten daran ihrem Niveau entsprechend. Dabei produzieren sie eine Vielzahl von Aufgaben, die sie berechnen und anhand derer sie eigene Entdeckungen machen können. In Forschertreffs werden die Ergebnisse und Entdeckungen der Schüler vorgestellt und ausgetauscht.

Das steckt dahinter:

Wenn in der Literatur „Gute Aufgaben“ oder Möglichkeiten für „Produktives Üben“ (→ Produktive Übungsformate) vorgestellt werden, trifft man sehr häufig auf Ziffernkarten. Sie sind ein Übungsformat, bei dem man mit wenig Aufwand (man benötigt nur die Ziffern von 0 bis 9, ein Blatt Papier und einen Bleistift) viel Aktivität hervorrufen kann. Meist können in diesen guten Aufgaben viele Muster und Strukturen entdeckt werden. Sie ermöglichen es also, beim Üben Entdeckungen zu machen und beim Entdecken zu üben. Somit unterstützen sie auch ganz besonders die Entwicklungen von prozessbezogenen Kompetenzen bei Kindern. Positiv an der Arbeit mit Ziffernkarten ist zudem, dass sie jedem Kind ein Rechnen auf seinem Niveau ermöglicht (→ Natürliche Differenzierung). Die reichhaltigen Strukturen dieser Aufgaben erleichtern oft die Ergebniskontrolle.
Bei vielen Aufgabenstellungen zu Ziffernkarten, die man in Schulbüchern findet, geht es um Zahlbildung und kombinatorische Tätigkeiten. Andere typische Ziffernkarten-Aufgaben sollen, wie diese hier, Rechenarten trainieren und dabei gleichzeitig Möglichkeiten zum Entdecken geben.
Hier die Ausgangsaufgabe:

KV 7 3-stellige Zahlen addieren I Name:

Du hast die Ziffernkarten von 1 bis 9.

Lege mit diesen Ziffernkarten drei 3-stellige Zahlen und addiere sie.

Beispiel:

$$\begin{array}{r} 467 \\ 138 \\ \underline{+592} \end{array}$$

a) Lege die Aufgabe mit der kleinsten Summe. Wie erreichst du sie? Erkläre.

b) Lege die Aufgabe mit der größten Summe. Wie erreichst du sie? Erkläre.

c) Versuche, die Summe 999 zu erreichen.
Findest du hier mehrere Lösungen? Wie gehst du vor?

In dieser Aufgabe wird die Addition von drei Summanden geübt. Jede Ziffer darf dabei nur einmal verwendet werden. Hierbei ist es nicht immer sinnvoll, die Ziffern nur stur von unten nach oben zu

addieren. Das Rechnen ist oft einfacher, wenn man Ziffern so addiert, dass die Zehnerergänzung genutzt werden kann. Alle Ergebnisse müssen die Quersumme 9, 18 oder 27 besitzen, was man gut für die Kontrolle der Aufgaben nutzen kann.
Um die größte und die kleinste Summe zu erreichen, müssen die Ziffern nach der Größe geordnet und als Hunderter, Zehner und Einer eingesetzt werden. Man kann viele Aufgaben mit demselben kleinsten und größten Ergebnis finden.
Auch bei der Suche nach Aufgaben, die die Summe 999 haben, sollen die Kinder alle Möglichkeiten aufschreiben. Um das Ergebnis 999 erreichen zu können, müssen die Ziffern im Einer zusammengerechnet 19 ergeben, im Zehner 18 und im Hunderter 8. So kann mit den gemerkten Ziffern in jedem Stellenwert 9 erreicht werden:

```
   4 9 8
   1 2 5
 + 3 7 6
 -------
   8 18 19
   9 9 9
```

So kann man vorgehen:

Diese Lernumgebung kann sofort nach dem Einführen der schriftlichen Addition durchgeführt werden. Am Anfang steht die Präsentation der Aufgabe. Da es für die eigenständige Bearbeitung der Lernumgebung sehr wichtig ist, dass jeder Schüler die mathematischen Regeln der Aufgabe genau verstanden hat, sollte man sich für die Präsentation genügend Zeit nehmen. Nachdem den Kindern die Grundregeln der Aufgabe vorgestellt wurden (keine 0 verwenden; jede Ziffer kommt nur einmal vor; drei dreistellige Zahlen legen; dann addieren), ist es sinnvoll, einige Rechnungen gemeinsam durchzuführen. Dann werden die Aufgaben a) und b), die größte und kleinste Summe zu finden, präsentiert und die Schüler begeben sich auf die Suche.

In der Einzelarbeit bearbeiten die Kinder die Lernumgebung je nach ihrem Niveau schneller oder langsamer und komplexer oder weniger komplex (siehe „Das haben die Schüler entdeckt“).

Während dieser Arbeitsphase ist es die Aufgabe des Lehrers, die Kinder individuell zu unterstützen. Er fragt nach, hört zu, gibt Hinweise, bestätigt und fordert heraus. Er sollte versuchen, sich mit Erklärungen und inhaltlichen Hilfestellungen zurückzuhalten, und eher mit formalen Fragen oder Hinweisen weiterhelfen,
wie z. B.:

- Vergleiche die Zahlen.
- Ordne sie nach der Größe.
- Finde weitere Beispiele.
- Schreibe auf, was du feststellst.
- Versuche zu begründen, warum das so ist.
- Vergleiche deine Ergebnisse/Erkenntnisse mit ...
- ...

Beim Beobachten, im Gespräch oder durchs Zuhören in den Forschertreffs, die sich an die Einzelarbeit anschließen, nimmt er wahr, wo die Schwierigkeiten der Kinder liegen und welche Fragen die Aufgabe aufwirft. Um darauf adäquat reagieren zu können, sollte er die Aufgabe in der Vorbereitung selbst gut durchdrungen haben (→ Begleiten und Unterstützen der Lernprozesse).

Nach der Einzelarbeit können die Kinder in einem Forschertreff (→ Forschertreffs/Rechenkonferenzen) ihre Ergebnisse und Entdeckungen austauschen. Entweder suchen sich die Kinder dabei ihre Gesprächspartner eigenständig aus oder der Lehrer fordert bestimmte Kinder auf, anderen ihre Entdeckungen zu zeigen.

In diesen Forschertreffs wird kommuniziert und argumentiert. Die Ergebnisse des anderen müssen überprüft und mit den eigenen verglichen werden. Man muss versuchen, die Entdeckungen des anderen nachzuvollziehen und eventuell zu bewerten. Für die Arbeit im Forschertreff können die „Signalkarten Forschertreff" (KV 10/11) verwendet werden.

Oft geben Anregungen der anderen Kinder in solchen kleinen Mathematikkonferenzen Antrieb dazu, die Ergebnisse noch zu vervollständigen und sich noch einmal an die Arbeit zu machen. Schwache und starke Schüler profitieren gleichermaßen von einem Austausch. Begleitend können die Kinder auch noch einmal versuchen, schriftlich festzuhalten, was in ihrem Forschertreff herausgefunden wurde.

Das haben die Kinder entdeckt:

Zu a) und b): Aufgaben mit der kleinsten/größten Summe:

Viele Kinder begnügten sich damit, nur <u>eine</u> mögliche Aufgabe mit der größten und kleinsten Summe zu finden. Hannah dagegen fand mit System mehrere Lösungen und lieferte eine sehr durchdachte Erklärung:

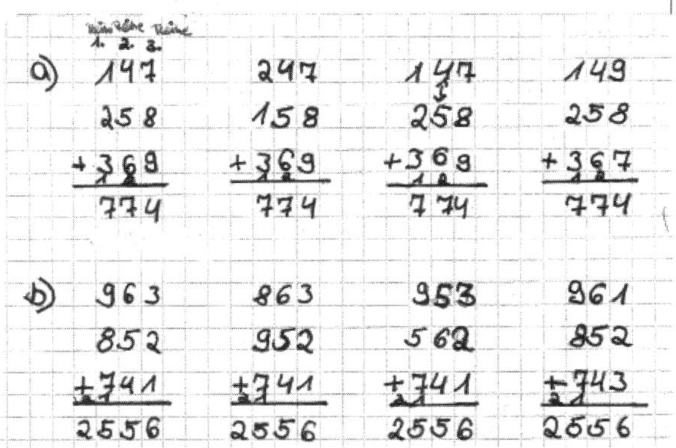

Hannah:
Ich habe die drei kleinsten Ziffern 1, 2, 3 genommen und sie bei den Hundertern hingetan, dann die zweitkleinsten 4, 5, 6 bei den Zehnern und die größten 7, 8, 9 bei den Einern. Bei der zweiten Aufgabe habe ich einfach die erste, zweite und dritte Reihe vertauscht. Die Zahlen allgemein bleiben in einer Reihe ja gleich; ich vertausche ja nur die Zahlen, aber nicht die Reihe.
Bei den Aufgaben mit der größten Summe habe ich das genauso gemacht, nur dass die größten Zahlen vorne liegen und die kleinsten hinten.

Zu c): Aufgaben mit der Summe 999:

Bei der Suche nach Aufgaben mit dieser Summe gelang es schnellen und fleißigen Rechnern, bis zu 30 Aufgaben mit der Summe 999 zu finden, die langsameren fanden bis zu fünf Aufgaben. Andreas zeigte sich bei seiner Lösung eher von der „bequemen Seite" und beeindruckte mehr mit der ausführlichen Beschreibung seiner Suche.

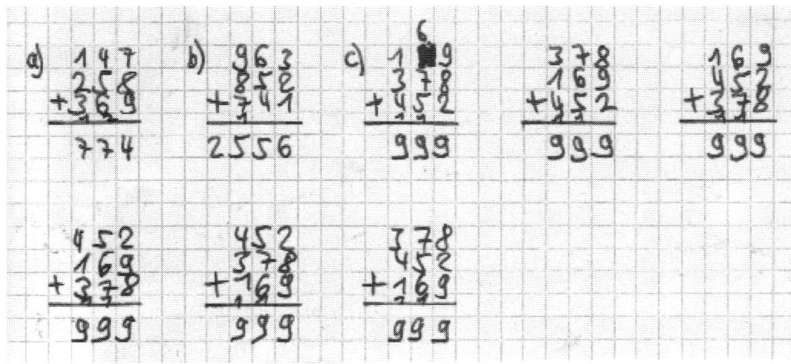

> Andreas:
> Zuerst streng ich mich eben ein bisschen an, ich muss schließlich eine Aufgabe finden, mit der ich anfangen kann. Beim Probieren musste dabei immer das Ergebnis 9 oder 19 rauskommen, in der Mitte kam 18 raus, aber ich habe ja einen Zehner gemerkt gehabt und deshalb kam da dann auch 19 raus. Wenn man einmal die Zahl 999 gefunden hat, dann kann man ganz viele finden.

So kann es weitergehen:

Folgende ähnliche Lernumgebung könnte nach der oben beschriebenen folgen:

KV 8 3-stellige Zahlen addieren II Name:

Du hast die Ziffernkarten von 1 bis 9.

Lege mit diesen Ziffernkarten drei 3-stellige Zahlen und addiere sie.

Beispiel:

$$\begin{array}{r} 147 \\ 259 \\ \underline{+386} \end{array}$$

a) Finde Ergebnisse unter 1 000.

b) Ordne sie nach der Größe und berechne die Quersummen.

c) Wie viele unterschiedliche Ergebnisse kann man finden?

Bei dieser Aufgabe können die Schüler 26 mögliche Ergebnisse finden: 774, 783, 792, 801, 810, 819, 828, 837, 846, 855, 864, 873, 882, 891, 900, 909, 918, 927, 936, 945, 954, 963, 972, 981, 990, 999. Das sind immer die Vielfachen von 9 und alle Ergebnisse besitzen entweder die Quersummen 9, 18 oder 27.

> Wenn man die Aufgaben mit Plättchen für die Zahlwerte nachlegt, kann man zeigen, dass man, egal welche Aufgabe gelegt wird, 45 Plättchen braucht.

KV 7 3-stellige Zahlen addieren I

Name:

Du hast die Ziffernkarten von 1 bis 9.

Lege mit diesen Ziffernkarten drei 3-stellige Zahlen und addiere sie.

Beispiel:

$$\begin{array}{r} 467 \\ 138 \\ +\,592 \\ \hline \end{array}$$

a) Lege die Aufgabe mit der kleinsten Summe. Wie erreichst du sie? Erkläre.

b) Lege die Aufgabe mit der größten Summe. Wie erreichst du sie? Erkläre.

c) Versuche, die Summe 999 zu erreichen.
Findest du hier mehrere Lösungen? Wie gehst du vor?

KV 8 3-stellige Zahlen addieren II

Name:

Du hast die Ziffernkarten von 1 bis 9.

Lege mit diesen Ziffernkarten drei 3-stellige Zahlen und addiere sie.

Beispiel:

$$\begin{array}{r} 147 \\ 259 \\ +\,386 \\ \hline \end{array}$$

a) Finde Ergebnisse unter 1 000.

b) Ordne sie nach der Größe und berechne die Quersummen.

c) Wie viele unterschiedliche Ergebnisse kann man finden?

KV 9 „Ziffernkarten“

1	2	3
4	5	6
7	8	9
0		

Zu Beginn dachte ich ...	Das habe ich entdeckt ...
Mir fällt auf ...	Das habe ich gelernt ...
Das ist so, weil ...	Das möchte ich noch sagen:
Das möchte ich noch fragen:	Ich verstehe nicht ...
Kannst du mir erklären ...	Das habe ich am Ende gedacht:

Was hast du da gemacht? Erkläre genau.	Warum hast du das gemacht?
Wieso ist das so?	Sind das alle möglichen Lösungen? Warum?
Warum gibt es nicht mehr Lösungen?	Welche Besonderheiten entdeckst du?
Welche Gemeinsamkeiten/Unterschiede entdeckst du?	Vergleiche die Wege/Ergebnisse. Was fällt dir auf?
Hat das Kind recht? Warum?	Ordne deine Zahlen. Was fällt dir auf?

„Deinen Weg finde ich ganz toll!“ – Lösungswege einer Denksportaufgabe in einer Rechenkonferenz vergleichen

Inhaltsbezogene Kompetenzen: In Kontexten rechnen

Prozessbezogene Kompetenzen: Problemlösen, Darstellen, Kommunizieren, Argumentieren

Dauer: 2–3 Unterrichtsstunden

Material: Ausgangsaufgabe (KV 12 „Denksportaufgabe 1“), Arbeitsblatt mit individuellen Lösungswegen der Kinder (Erstellung durch Lehrer), weitere Aufgaben zum Erproben der erarbeiteten Wege (KV 13 „Denksportaufgabe 2“ und KV 14 „Denksportaufgabe 3“)

Darum geht es:
Durch einen Vergleich von Lösungswegen sollen Kriterien für ein effektives und übersichtliches Lösen einer Denksportaufgabe erarbeitet werden. Dafür wird eine solche knifflige Sachaufgabe von den Schülern selbstständig gelöst. Die dadurch entstandenen Lösungswege werden in Einzel- und Partnerarbeit verglichen, geordnet, überprüft, bewertet und kommentiert und dann im Plenum besprochen. Den Abschluss bildet eine Erprobung der erarbeiteten Kriterien an neuen Aufgaben.

Das steckt dahinter:

Ausgangspunkt dieser Unterrichtseinheit ist eine Denksportaufgabe. Denksportaufgaben sind problemhaltige Sachaufgaben, die auf den ersten Blick durch keine sichtbaren Rechenoperationen gelöst werden können. Vor dem Hintergrund vertrauter Lebenssituationen werden oft ungewohnte mathematische Zusammenhänge geschildert (vgl. Rasch: 42 Denk- und Sachaufgaben). Um zu einer Lösung zu gelangen, müssen die Schüler bei diesen Aufgaben ausprobieren bzw. systematisch vorgehen. Wenn Kinder solche Aufgaben selbstständig lösen, entstehen oft vielfältige Wege, die sich auf ganz unterschiedlichem Niveau befinden.
Beim Umgang mit diesen Denksport- oder Knobelaufgaben steht nicht das richtige Ergebnis im Vordergrund. Viel wichtiger ist der Lösungsprozess, der in hohem Maße prozessbezogene Kompetenzen fördert. Die Schüler müssen Lösungsstrategien entwickeln und nutzen sowie Zusammenhänge erkennen und übertragen. Zudem werden sie aufgefordert, geeignete Darstellungen für die mathematischen Probleme zu entwickeln und zu nutzen.
Baut man die Arbeit mit Denksportaufgaben in einen Unterricht ein, der Raum für Kommunikation und Gedankenaustausch lässt, sind sie eine wunderbare Gelegenheit dafür, das Kommunizieren und Argumentieren im Unterricht zu trainieren. Außerdem fördert ein intensiver kommunikativer Austausch ein tieferes Verständnis für die Sache. Wenn die Arbeit mit Denksportaufgaben in regelmäßigen Abständen im Unterricht stattfindet, wird sich bei Schülern eine positive Einstellung zum Nachdenken und Tüfteln aufbauen. Um den Entwicklungsfortschritt der Schüler dokumentieren und begleiten zu können, eignet sich dabei ganz besonders die Arbeit mit einem Lerntagebuch (→ Portfolios/Lerntagebücher).

Die Ausgangsaufgabe (Denksportaufgabe 1) dieser Stunde ist die folgende:

> In einem Stall werden Pferde und Fliegen gezählt.
> Es sind 15 Tiere. Zusammen haben sie 72 Beine.
> Wie viele Pferde und Fliegen sind es?

Folgende Lösungsstrategien sind möglich:

- Manche Schüler werden die Aufgabe mit realen Gegenständen oder anderen Hilfsmitteln wie Plättchen, Muggelsteinen, Knetmasse usw. handelnd nachvollziehen und kommen so zu einer Lösung.
- Andere machen sich beim Bearbeiten des Problems durch Skizzen oder Zeichnungen ein Bild von der Aufgabe, das ihnen beim Lösen hilft.
- Oft werden auch Tabellen als Hilfsmittel zur Aufgabenlösung genutzt (ganz besonders dann, wenn die Kinder schon vorher Erfahrungen damit gemacht haben).
- Einige Schüler wollen von Anfang an rechnen oder die Aufgabe schematisch nur mit Zahlen darstellen und kommen, je nach ihren Möglichkeiten, mehr oder weniger nah an die richtige Lösung heran.

Aus mathematischer Sicht geht es bei dieser Aufgabe darum, ein System von zwei linearen Gleichungen $\boxed{6 \cdot x + 4 \cdot y = 72}$ und $\boxed{x + y = 15}$ ganzzahlig zu lösen: x = Anzahl der Fliegen und y = Anzahl der Pferde.

So kann man vorgehen:

Vor dem Umgang mit Denksportaufgaben empfiehlt es sich, dass die Schüler schon einmal in Berührung mit Tabellen und Skizzen als Lösungshilfen gekommen sind.
Die erste Unterrichtsstunde in dieser Einheit beginnt mit der Präsentation der Aufgabe. Es hat sich bewährt, die Aufgabentexte im Sitzkreis vorzulesen und schwierige Formulierungen mit den Schülern zu klären. Nach dem Vorlesen der „Pferde- und Fliegenaufgabe" wurde beispielsweise kurz besprochen, wie viele Beine Pferde und Fliegen eigentlich haben.
Nach dieser ersten Präsentation dürfen die Schüler, die sich eine selbstständige Lösung der Aufgabe zutrauen, mit dem schriftlichen Arbeitsauftrag an ihren Platz gehen und mit der Einzelarbeit beginnen. Diejenigen, die noch Hilfen brauchen, bleiben beim Lehrer. In einer erweiterten Orientierung (→ Erweiterte Orientierung) werden gemeinsam wichtige Wörter und Aussagen markiert und besprochen. Erste Fragen werden vom Lehrer oder der Gruppe geklärt und Hilfsmittel den Schülern an die Hand gegeben. In der Praxiserprobung wurde z. B. geklärt, dass fünfzehn Tiere auch fünfzehn Körper haben. Einige Kinder nahmen sich vorbereitete Plättchen oder Knetmassekugeln mit Zahnstochern, damit sie sich handelnd an ein Lösen der Aufgabe heranwagen konnten.
Dann können sich die Kinder nach und nach an ihre Plätze begeben und mit der Bearbeitung der Aufgabe beginnen. Grundsätzlich soll sich in dieser ersten Einzelarbeitsphase jeder Schüler allein mit der Aufgabe auseinandersetzen und dann seinen eigenen Weg, so gut und genau er kann, schriftlich, bildlich oder mit Worten festhalten. Nur so werden subjektive Lösungsprozesse herausgefordert, die dann einen guten Einblick in das Denken jedes einzelnen Kindes ermöglichen und mit denen weitergearbeitet werden kann. Nach dieser Einzelarbeit endet die erste Unterrichtsstunde.
Der Lehrer muss sich im Anschluss daran mit den produzierten Wegen der Kinder auseinandersetzen und aus allen vier bis fünf interessante Lösungsstrategien/-darstellungen für die nächste Stunde aussuchen (→ Auswahl von Material).

Festgehalten werden die ausgesuchten Lösungswege der Kinder auf einem Arbeitsblatt:

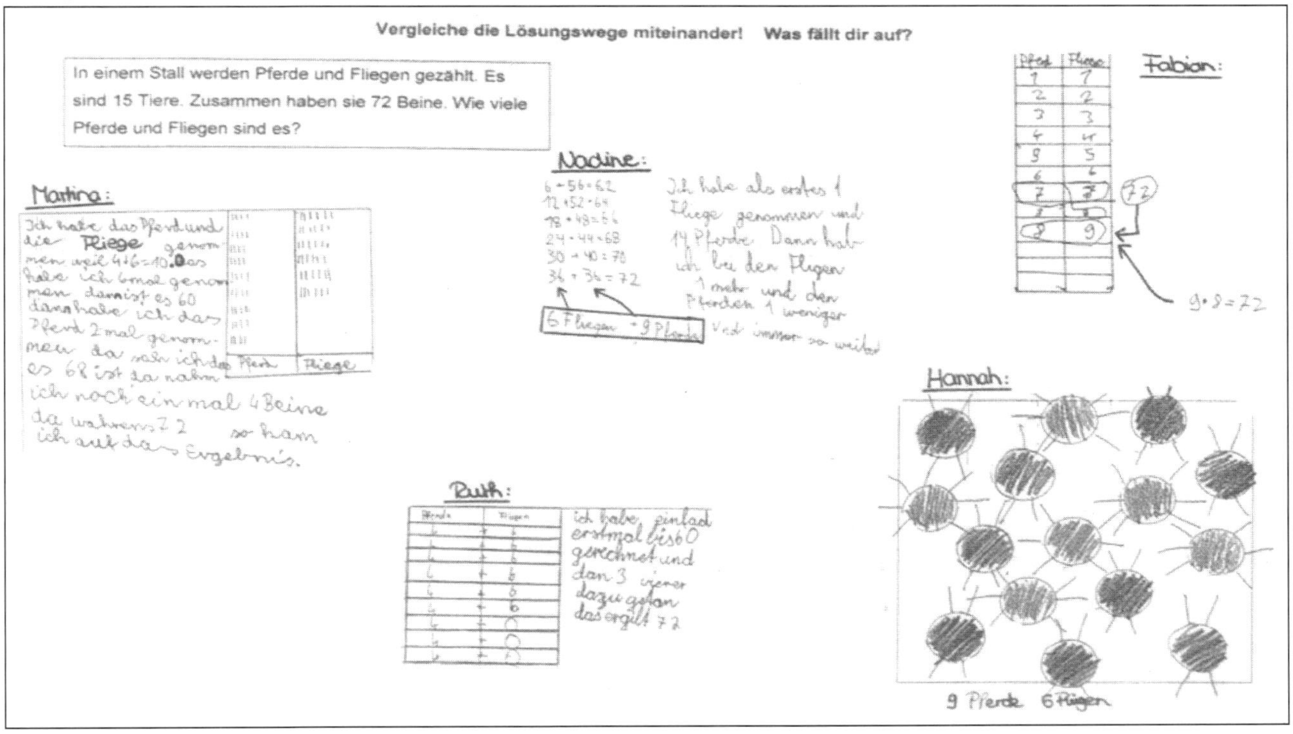

Dieses Arbeitsblatt steht am Anfang der folgenden Stunde. Die Schüler bekommen die fünf Wege ihrer Mitschüler ausgeteilt und müssen sich in der Einzelarbeit mit diesen auseinandersetzen. Dabei werden sie aufgefordert, ihre Gedanken schriftlich festzuhalten. Diese Einzelarbeitsphase ist wichtig, damit sich jeder einzelne in Ruhe auf die gemeinsame Diskussion vorbereiten kann und seine subjektiven Eindrücke mit ins Gespräch bringt.

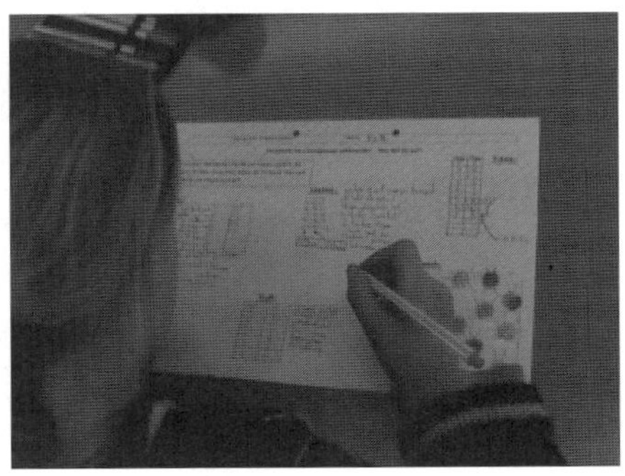

Die Arbeitsaufträge dazu: „Vergleiche die Lösungswege miteinander! Was fällt dir auf?" ermöglichen vielfältige Aktivitäten:

Die Schüler können

- richtige oder falsche Lösungen erkennen und Vermutungen für eventuelle Fehlerquellen aufstellen.
- ähnliche Wege und Darstellungen zusammenordnen und unterschiedliche voneinander abgrenzen.
- versuchen, die Wege der anderen zu verstehen.
- effiziente und weniger effiziente Wege entdecken.
- klassifizieren: sich überlegen, welche Wege ihnen am besten gefallen und warum das so ist.
- Lösungsstrategien ihrer Mitschüler kommentieren: ihre Fragen und Gedanken dazu aufschreiben.

Die Auseinandersetzung in der Einzelarbeit dauert etwa zehn bis fünfzehn Minuten. Es hat sich bewährt, den Kindern vor dem Gespräch im Plenum (→ Kommunizieren im Plenum/Präsentieren der Ergebnisse) zwei bis drei Minuten für einen Austausch mit dem Partner zu geben.

Danach trifft sich die gesamte Klasse im Sitzkreis vor der Tafel und diskutiert über Entdeckungen, Fragen und Fehler.

Das haben die Schüler entdeckt:

Auszüge aus den Gesprächen der Kinder über die verschiedenen Lösungswege:

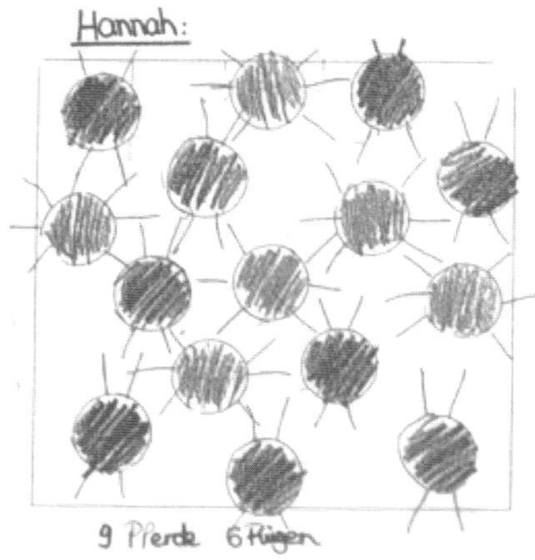

Julian:	Also Hannah, deinen Weg finde ich ganz toll, aber der ist auch ein bisschen schlampig geworden, weil da nicht so viel Platz war.
Lehrerin:	Verstehst du, was die Hannah da gemacht hat?
Julian:	Ja.
Lehrerin:	Erklär mal!
Julian:	Die hat als Erstes immer Kreise gemalt, 15. Dann hat sie an jeden Kreis vier Beine hingetan und dann hat sie geschaut, wie viele Beine da rauskommen. Na und dann musste sie noch schauen, wie viele Beine sie noch dazu malen muss. Dann hat sie wohl ausgerechnet, wie viele Beine man dann noch braucht und dann hat sie die noch mal in 2 geteilt und dann hat sie noch ausgerechnet, wie viel, äh, ja wie viele Beine dann noch, äh wie viele Kreise dann noch 2 Beine bekommen.
Lehrerin:	Hat das jeder verstanden, was der Julian gesagt hat?
Nadine:	Also der Julian hat das richtig erklärt, ich hab als Erstes, vorher, als wir das Blatt gehabt haben, gar nicht gewusst, was die Hannah da überhaupt gemacht hat oder wie sie auf diese Sache da drauf gekommen ist. Und jetzt hat der Julian das so gut erklärt, da hab ich das jetzt gleich verstanden. Jetzt finde ich den Weg von der Hannah auch gut.
Lehrerin:	Aber ich hab auch vorhin gesehen, dass es nicht jeder verstanden hat. Hannah, vielleicht solltest du mal herauskommen und zeigen, wie du das gemacht hast.
Hannah:	Also ich hab immer ganz viele Kreise gemalt und das Dunkle hier war dann eigentlich am Ende auch schwarz und das Helle grün.
Lehrerin:	Wie viele Kreise hast du denn gemalt?
Hannah:	15, weil es sind ja 15 Tiere gewesen. Und ich hab da einfach nur ausprobiert und hab ausprobiert, wie viel es sein könnte und hab immer radiert und radiert und dann bin ich halt irgendwann auf 9 Pferde und 6 Fliegen gekommen.

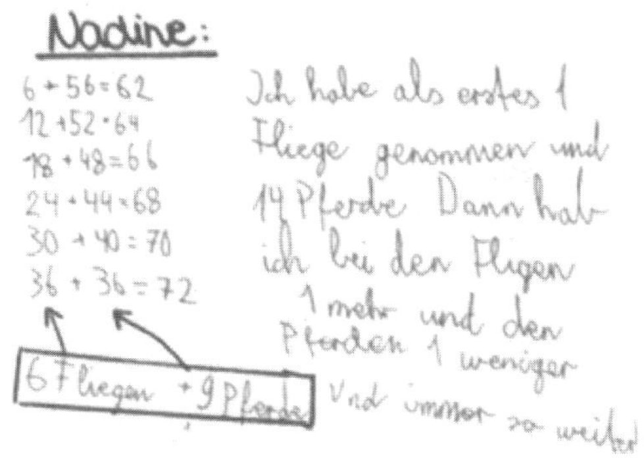

Julia: Ich fand Nadines Weg eigentlich ganz gut, weil nämlich Nadine hat den Weg ganz einfach gemacht: Sie hat bei der vorderen Zahl immer 6 dazu getan und bei der hinteren Zahl hat sie immer minus 4 gerechnet; weil nämlich von der vorderen Zahl, da hat sie 6 Beine und bei der hinteren Zahl hat sie immer 4 Beine für die Pferde weggenommen.

Nadine: Ich wollte nur mal erklären, wie ich das gemacht hab. Ich hab da als Erstes nur eine Fliege genommen und 14 Pferde und dann ist 62 rausgekommen. Dann hab ich eine Fliege mehr gemacht und hab dafür ein Pferd weniger gemacht, dann kam 64 raus. Dann hab ich das immer wieder gemacht, bis ich das Ergebnis 72 herausbekommen habe.

Vanessa: Ich find Nadines Weg eigentlich ganz gut und ich find da auch toll, dass Nadine mal nen ganz anderen Weg genommen hat; nicht bloß den wie die, wo wir genommen haben.

Markus: Ich hab zuerst den Weg von der Nadine nicht gewusst wie der geht, aber jetzt weiß ich's, seit Nadine ihn erklärt hat.

So kann es weitergehen:

Nach dem Plenumsgespräch können die Kinder mit ähnlichen Denksportaufgaben (KV 13/14: Denksportaufgabe 2 und Denksportaufgabe 3) weiterarbeiten. An dieser können sie die im Gespräch erarbeiteten Kriterien noch einmal anwenden und ausprobieren (→ Weiterarbeit). In der Praxis nutzen einige die Ideen und Lösungswege, die soeben besprochen wurden, andere arbeiteten wieder auf ihrem schon bewährten Weg. Wer die zweite Denksportaufgabe bearbeitet hat, sucht sich dann einen oder zwei Partner für einen Forschertreff (→ Forschertreffs/Rechenkonferenzen).

Bei diesem Forschertreff stellten sich die Kinder ihre Lösungen gegenseitig vor und diskutieren über ihr Vorgehen. Neben dem verständlichen Vorstellen des eigenen Weges sollen sie auch versuchen, die Lösung des anderen nachzuvollziehen und mit der eigenen zu vergleichen. Natürlich könnte am Ende der eigene Weg verbessert oder ergänzt werden. Yannicks Kommentar, den er nach dem Forschertreff zur Denksportaufgabe 2 auf sein Arbeitsblatt geschrieben hat, zeigt, dass viele Kinder von so einem Austausch in der Kleingruppe profitieren: „Ich habe erst im Forschertreff gemerkt, dass ich falsch gerechnet habe. Ich hatte nämlich nur 15 und nicht 18 Tiere genommen!"

Oft helfen den Kindern bei den Forschertreffs vorgegebene Aussagen, wie z. B.
- „Das habe ich gemacht …"
- „Was hast du gemacht …"
- „Diese Fragen habe ich an dich …"
- „Das finde ich gut ..."

KV 12 „Denksportaufgabe 1"

In einem Stall werden Pferde und Fliegen gezählt.

Es sind 15 Tiere.

Zusammen haben sie 72 Beine.

Wie viele Pferde und Fliegen sind es?

KV 13 „Denksportaufgabe 2"

Im Tierpark werden in einem Gehege 18 Tiere gezählt.

Es sind Ziegen und Hühner.

Zusammen haben sie 58 Beine.

Wie viele Ziegen und wie viele Hühner sind es?

KV 14 „Denksportaufgabe 3"

In einem Stall werden 20 Tiere gezählt.

Es sind Kühe und Schwalben.

Zusammen haben sie 76 Beine.

„Wir haben, was gleich passen könnte, geordnet!“ – Vierecke auf dem Geobrett erforschen

Inhaltsbezogene Kompetenzen:	Geometrische Figuren erkennen, benennen und darstellen
Prozessbezogene Kompetenzen:	Problemlösen, Kommunizieren, Argumentieren
Dauer:	1–2 Unterrichtsstunden (mit Vorarbeit 3–4 Unterrichtsstunden)
Material:	3x3-Geobretter (mit aufgeklebten Schablonen lassen sich 5x5-Bretter problemlos verkleinern), Gummis zum Spannen, ca. 15 kleine Punkteraster pro Kind, KV 15 „Punkteraster fürs 3x3-Geobrett“, Klebepunkte, ein DIN-A1-Plakat für jede Gruppe, Lösungsblatt KV 16

Darum geht es:
Auf einem 3x3-Geobrett sollen alle möglichen Vierecke gesucht werden. In der Einzelarbeit spannen die Schüler Vierecke und halten sie grafisch auf einem 3x3-Punktefeld fest. In der darauffolgenden Gruppenarbeit und im Plenum werden die gefundenen Vierecke zusammengetragen, fehlende ergänzt, doppelte und falsche aussortiert und geordnet. Diese Lernumgebung ermöglicht viel geometrisch-forschendes Handeln. Die Kinder erarbeiten sich einen weiten Vierecksbegriff.

Das steckt dahinter:

Das Geobrett kann als Arbeitsmittel im Geometrieunterricht der Grundschule für die Erarbeitung von Symmetrie, Flächenformen, -inhalt und -umfang von der 1. bis zur 4. Klasse eingesetzt werden. Das Material ist übersichtlich, leicht zu handhaben und hat eine immer gleich bleibende Anordnung von Nägeln, die von den Kindern visuell gut gespeichert werden kann. Im Umgang damit können die Schüler auf engstem Raum geometrisch handelnd tätig werden. Sie erzeugen Formen und geometrische Beziehungen und haben dadurch die Möglichkeit, sich mathematische Begrifflichkeiten eigenständig zu erarbeiten.

Das Arbeiten am Geobrett fördert sehr gut die visuelle Wahrnehmung:
- Durch das Spannen wird die Koordination von Hand und Auge begünstigt (Visuomotorische Koordination).
- Lagebeziehungen können daran geübt werden (Wahrnehmung der Raumlage).
- Die Kinder müssen genau beobachten und Formen oder Symmetrien nachbilden, was die Wahrnehmung von räumlichen Beziehungen und das flexible Denken schult.

In der Lernumgebung „Vierecke auf dem Geobrett erforschen“ sollen die Kinder ihren Vierecksbegriff erweitern. Fordert man die Schüler vor dieser Einheit auf, Vierecke zu zeichnen, entstehen meist Quadrate oder Rechtecke. Dass es aber eine Vielzahl anderer Vierecke gibt, zeigt das Diagramm auf der folgenden Seite.

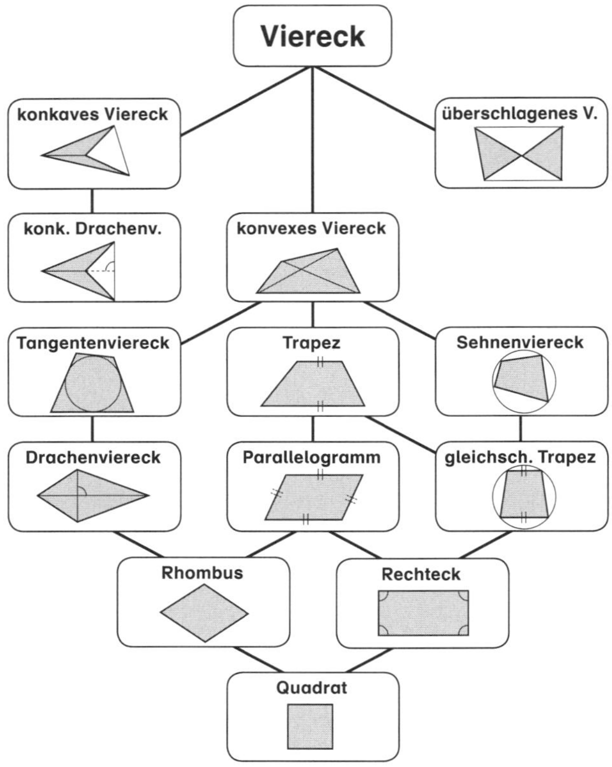

Das Quadrat, ganz unten, ist das „spezialisierteste" dieser Vierecke, denn es hat alle Eigenschaften, die Vierecken zugeschrieben werden können:

- Es hat zwei gegenüberliegende parallele Seiten (auch Rechteck, Parallelogramm, Trapez, Raute/ Rhombus).
- Es ist achsensymmetrisch (Raute, Drachen).
- Seine beiden Gegenseiten sind parallel (Raute, Rechteck, Parallelogramm).
- Alle Winkel sind rechte Winkel (Rechteck).
- Die vier Seiten sind gleich lang.

Besondere Vierecke, die auch von den Kindern in den Gesprächen zu dieser Einheit immer wieder thematisiert wurden, sind die konkaven, nach innen gewölbten Vierecke, die an Pfeile erinnern.
Am interessantesten bei der Vierecksuche war in der Praxis das oben angegebene „überschlagene" Viereck. Es wurde als Viereck ausgeschlossen, weil es nach Meinung von Schüler und Lehrerin mehr als vier Ecken und Seiten hat. Mathematisch zählt es aber zu den Vierecken (vgl. Schaubild oben).
Bei der Ausgangsaufgabe

Spanne Vierecke auf dem Geobrett. Wie viele unterschiedliche Vierecke kannst du finden? Zeichne sie auf.

können auf dem 3x3-Geobrett insgesamt 16 verschiedene Vierecke (siehe Lösungsblatt – KV 16) gefunden werden. Beim Suchen aller möglichen Dreiecke können acht unterschiedliche Dreiecke (siehe Lösungsblatt – KV 16) gefunden werden.

So kann man vorgehen:

Bevor man das Geobrett im Unterricht in einer Lernumgebung einsetzt, sollte man Kindern, die noch nie damit gearbeitet haben, ermöglichen, erste Erfahrungen mit dem Spannen und Abzeichnen von Figuren zu machen.

Mögliche Vorübungen:
a) eigene Figuren spannen:
- Denke dir eine Figur aus und spanne sie.

- Spanne ein Haus/einen Drachen/einen Buchstaben/...
- Spanne eine Figur und lasse sie deinen Nachbarn nachspannen.
- Spanne eine Figur und zeige sie deinem Partner nur für 15 Sekunden. – Kann er sie aus dem Gedächtnis nachspannen?
- Spanne eine Figur und beschreibe sie deinem Partner nur mit Worten. – Kann er sie nachspannen?

b) nach Vorlage spannen:
In Mathematikbüchern gibt es dazu eine Vielzahl von Anregungen und Aufgaben. Das Spannen nach einer Punktefeldzeichnung ist eine wichtige Übung, die nicht jedem Kind leichtfällt. Hier sieht man sehr deutlich, wie es um die visuelle Wahrnehmung der Schüler bestellt ist.
c) gespannte Figuren zeichnerisch auf Punktefeldern festhalten:
Um gespannte Figuren „haltbar" zu machen und sie zum Austausch und zur Reflexion zu nutzen, kann man sie auf Punktefeldern zeichnerisch umwandeln. Diese ikonische Dokumentation verbindet Operationen auf der Handlungsebene mit denen auf der Vorstellungsebene und fördert neben der oben genannten visuellen Wahrnehmung auch das genaue und ordentliche Arbeiten.

Eine gute Vorbereitung für die Lernumgebung ist es, auch alle möglichen Dreiecke am 3x3-Geobrett suchen zu lassen. In der Praxiserprobung wurden dabei schon wichtige Fertigkeiten und Begrifflichkeiten erarbeitet, die den Kindern dann bei der komplexeren Aufgabe, alle Vierecke zu finden, von Nutzen waren. Es wurde beispielsweise schon geklärt, dass deckungsgleiche Figuren eine Figur sind, egal wo sie auf dem Geobrett liegen, und dass eine Ecke immer dann entsteht, wenn zwei Linien zusammenstoßen.
Die eigentliche Lernumgebung kann folgendermaßen durchgeführt werden: Die Kinder bekommen ein 3x3-Geobrett, Gummis und Punkteraster ausgeteilt. Dann gibt ihnen der Lehrer die Aufgabe für die Einzelarbeitsphase:

Spanne Vierecke auf dem Geobrett. Wie viele unterschiedliche Vierecke kannst du finden? Zeichne sie auf.

Jeder Schüler soll sich nun allein auf das Problem einlassen, sich ausprobieren und eigene Strategien beim Suchen entwickeln. Manche Kinder werden die ersten einfachen Vierecke ganz ohne Spannen aufzeichnen, aber beim weiteren Suchen das Geobrett als Hilfsmittel nutzen. Ob sie ihre Vierecke mit oder ohne Lineal aufzeichnen, muss der Lehrer selbst entscheiden.
In dieser Phase begeben sich die Kinder in der Regel sehr motiviert und engagiert auf die Suche nach Vierecken und produzieren viele Zeichnungen. Zudem kommen sehr wichtige Fragen auf, wie zum Beispiel:
- Was ist eigentlich eine Ecke?
- Sind Figuren, die am Geobrett an unterschiedlichen Stellen liegen, aber die gleiche Figur sind, gleich?
- Können Ecken auch innen liegen?

Die Kinder entwickeln auch viele unterschiedliche Strategien beim Spannen oder beim Untersuchen eventuell gleicher Vierecke (siehe „Das haben die Schüler entdeckt").
Nach dieser intensiven Einzelarbeit, die bis zu 20 Minuten dauern kann, treffen sich die Schüler in Kleingruppen (bis zu vier Kinder) und arbeiten dann gemeinsam weiter.
Die Aufgabe für die Gruppenarbeit lautet:

Vergleicht eure gefundenen Vierecke. Sortiert falsche und doppelte Vierecke aus und ergänzt eure Sammlung, wenn ihr neue Vierecke findet. Gestaltet dann mit allen gefundenen Vierecken ein Plakat.

Beim Vergleichen, Sortieren und Ordnen müssen die Kinder viel miteinander kommunizieren und diskutieren. Sie müssen ihre Vierecke verteidigen und falsche Vierecke der anderen mit guten Argumenten vom gemeinsamen Plakat fernhalten. Sie können ihre Fragen und Strategien, die sich in der Einzelarbeitsphase entwickelt haben, vorstellen und damit die anderen zum Nachdenken und Staunen bringen.

Gruppen, die schnell mit der Gestaltung ihres Plakats fertig werden, bekommen noch die Zusatzaufgaben, eine Ordnung für ihre Vierecke zu finden und/oder ihnen Namen zu geben.

Nach dieser Gruppenarbeit trifft sich die ganze Klasse im Plenum (→ Kommunizieren im Plenum/Präsentieren der Ergebnisse), um die gestalteten Plakate und Ordnungen vorzustellen und von ihren Feststellungen, Problemen, Fragen zu erzählen. Hierbei sollte der Lehrer aber ein Plakat auswählen, das gute Fragen/Ideen enthält und über das dann alle diskutieren. Je nach Klasse können dann noch auf ein oder zwei mehr Plakate eingegangen werden. Alle Plakate zu besprechen und vorzustellen, wäre zu viel und ist auch nicht notwendig. Auf jeden Fall werden aber alle Plakate gut sichtbar für die Schüler ausgestellt. So erhalten alle Gruppen ihre Wertschätzung und es kann unter den Schülern weiter diskutiert werden (→ Forschertreffs/Rechenkonferenzen).

Das haben die Schüler entdeckt:

Auszüge aus den Gesprächen der Kinder über die gefundenen Vierecke:

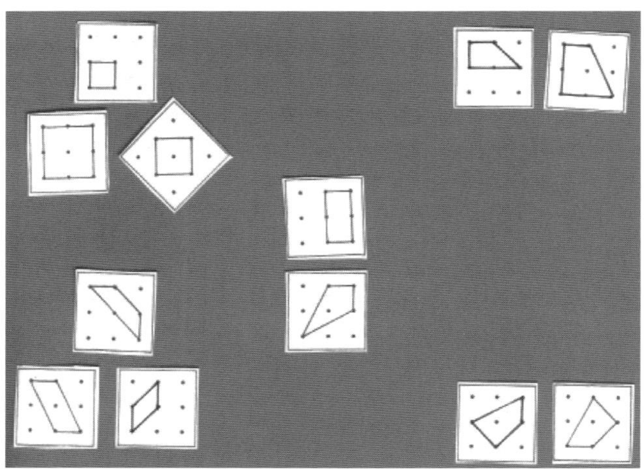

Damla stellte das Plakat ihrer Gruppe vor:

„Wir haben, was gleich passen könnte, geordnet (zeigt auf die Quadrate oben links). Wenn man das (mittlere Quadrat) nämlich so dreht, dann wäre das auch so gleich, wie die anderen. Und wir haben die (Drache und Rechteck in der Mitte) weggetan, weil es von denen keine gibt, die mit ihnen zusammenpassen täten. Und wir haben die zusammengetan (Trapeze rechts oben), weil das ist bloß das kleinere von dem."

Im Laufe des Gesprächs fiel Sarah auf, dass die Vierecke rechts unten deckungsgleich waren, der Name „Quadrat" wurde genannt und Markus erklärte der Klasse, dass man auch durch das Abzählen der Punkte auf dem Punkteraster erkennen könne, ob Vierecke, die sich ähnlich sehen, wirklich „gleiche" Vierecke sind.

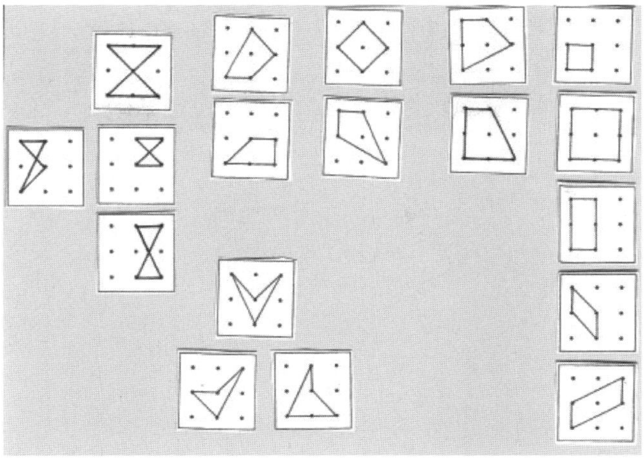

Dieses Plakat suchte sich Julian aus:

„Also ich such mir das hier aus, nämlich (zeigt auf die „Sanduhren" links außen) das hier und das hier und das hier und das hier sind Fünfecke! (zeigt auf die Ecken und zählt laut mit) Eins, zwei, drei, vier, fünf!"
Andreas: „Das hast du gut entdeckt, aber ich mein, das sind Sechsecke, weil ich hab so gezählt (kommt raus und zählt vor) Eins, zwei, drei, vier, fünf, sechs! So hab ich gezählt"
Daniel: „Ich hab gezählt, dass es eins, zwei, drei, vier, fünf, sechs, sieben, acht Ecken sind. Weil hier sind auch noch zwei Ecken und hier und hier!"

Dieses Problem, wie viele Ecken diese „Sanduhr-ähnlichen"-Figuren haben und ob man sie auf dem Plakat hängen lassen darf oder abhängen muss, beschäftigte die Klasse noch den Rest der Stunde. Am Ende beschlossen wir, dass dies zwar keine Vierecke seien, konnten uns aber auf die Eckenzahl nicht einigen.

So kann es weitergehen:

In der Praxiserprobung bekamen die Schüler nach der Stunde alle möglichen Vierecke auf einem Arbeitsblatt mit der Aufgabe, für sie eine Ordnung zu finden und ihnen Namen zu geben. Die Ergebnisse waren beeindruckend:

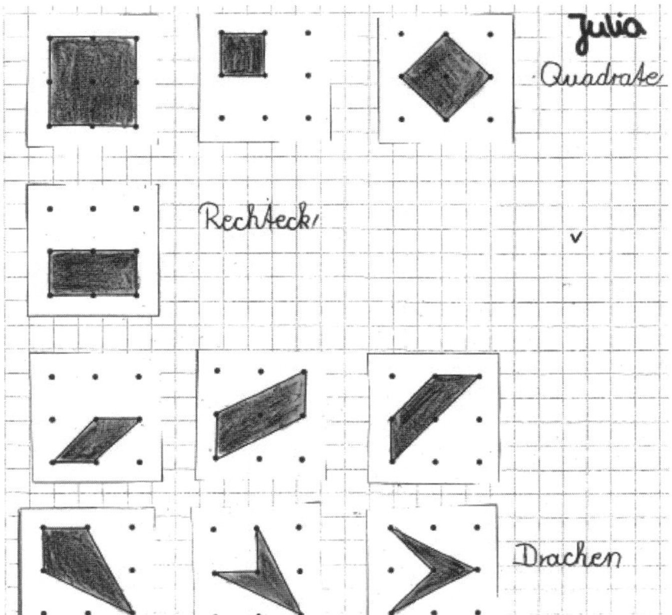

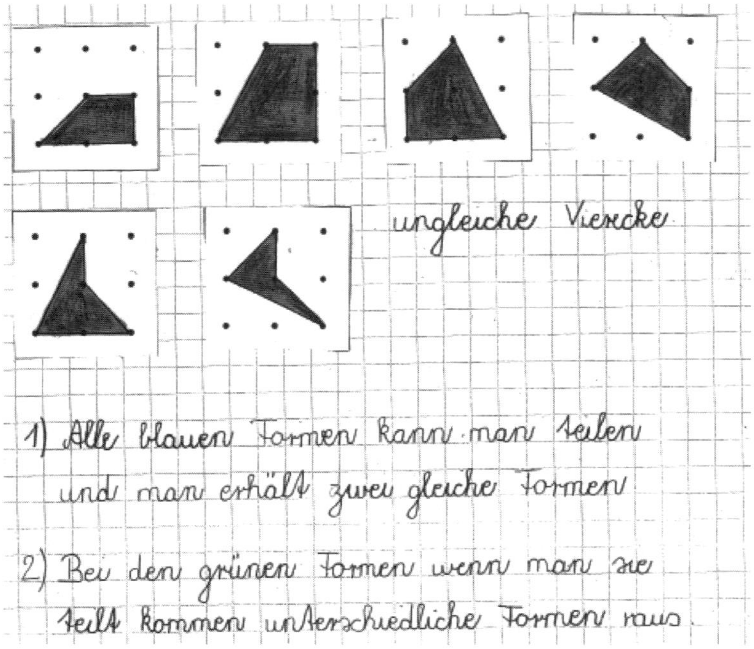

Eine weitere spannende Weiterführung der Arbeit mit den gefundenen Vierecken wäre es, sie der Größe nach zu ordnen, also den Inhalt der Flächen miteinander zu vergleichen.

KV 15 „Punkteraster fürs 3x3-Geobrett (ca. 15 Felder pro Kind)“

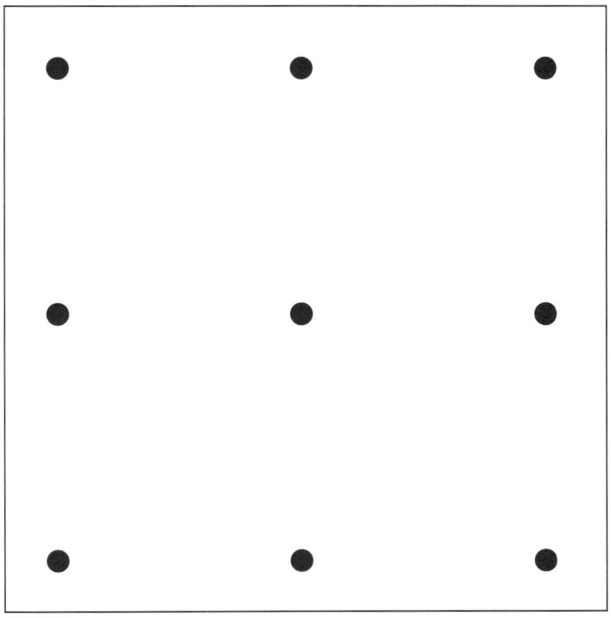
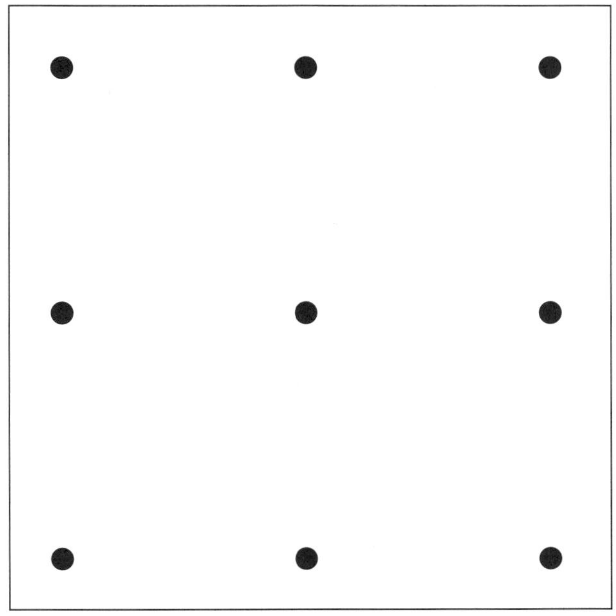
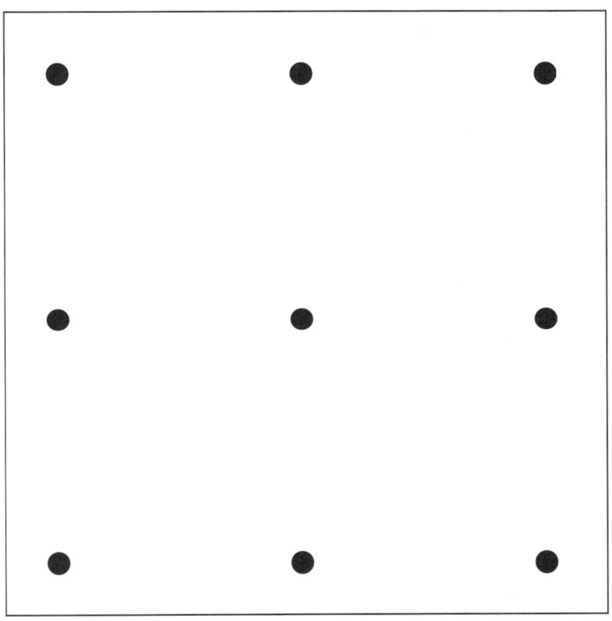
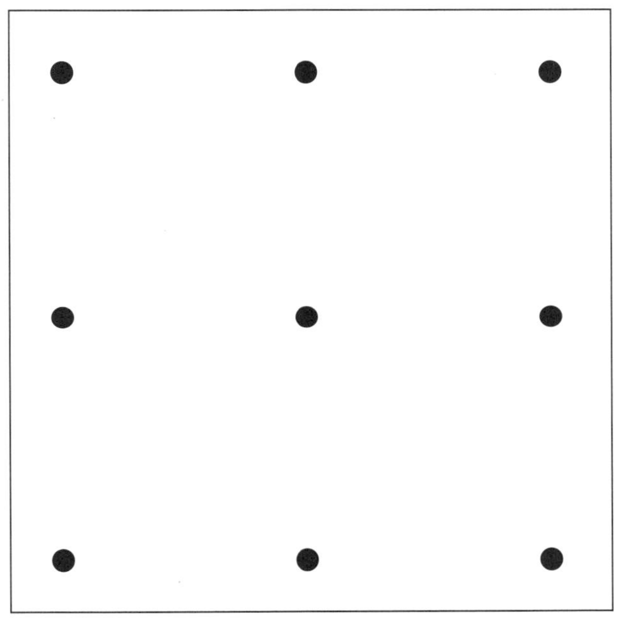
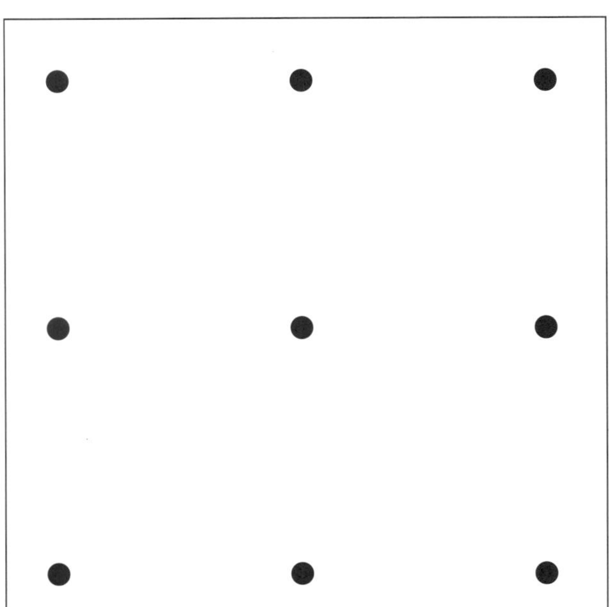
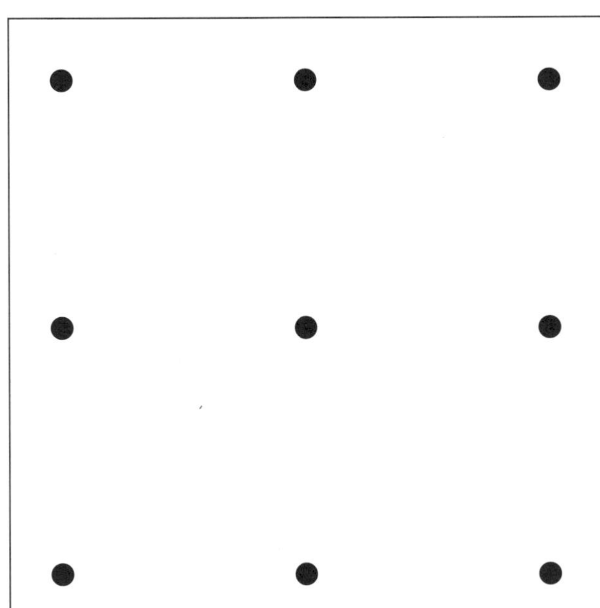

KV 16 „Lösungsblatt: Alle möglichen Dreiecke und Vierecke auf dem 3x3-Feld“

Dreiecke:

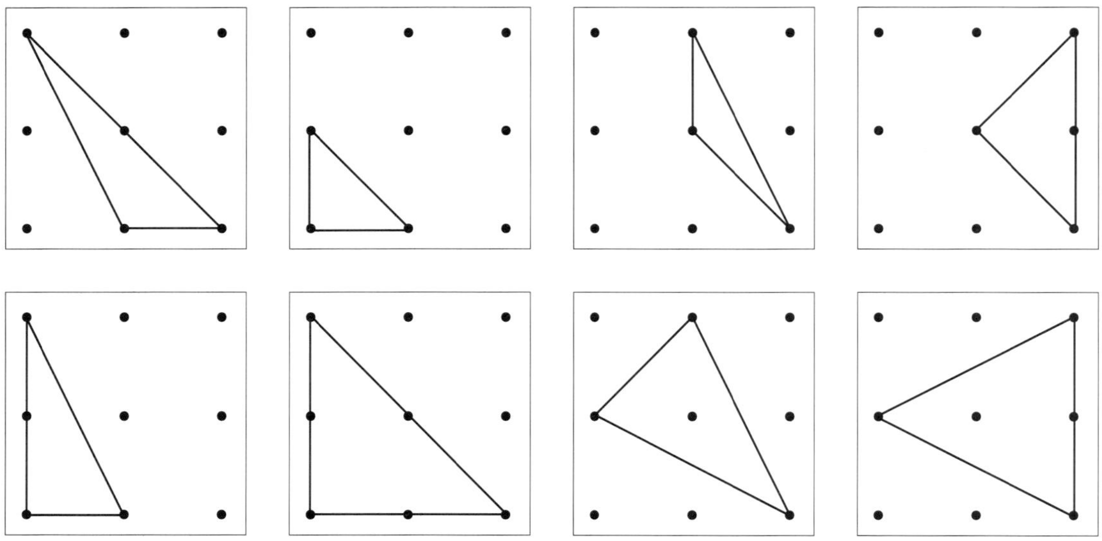

Vierecke:

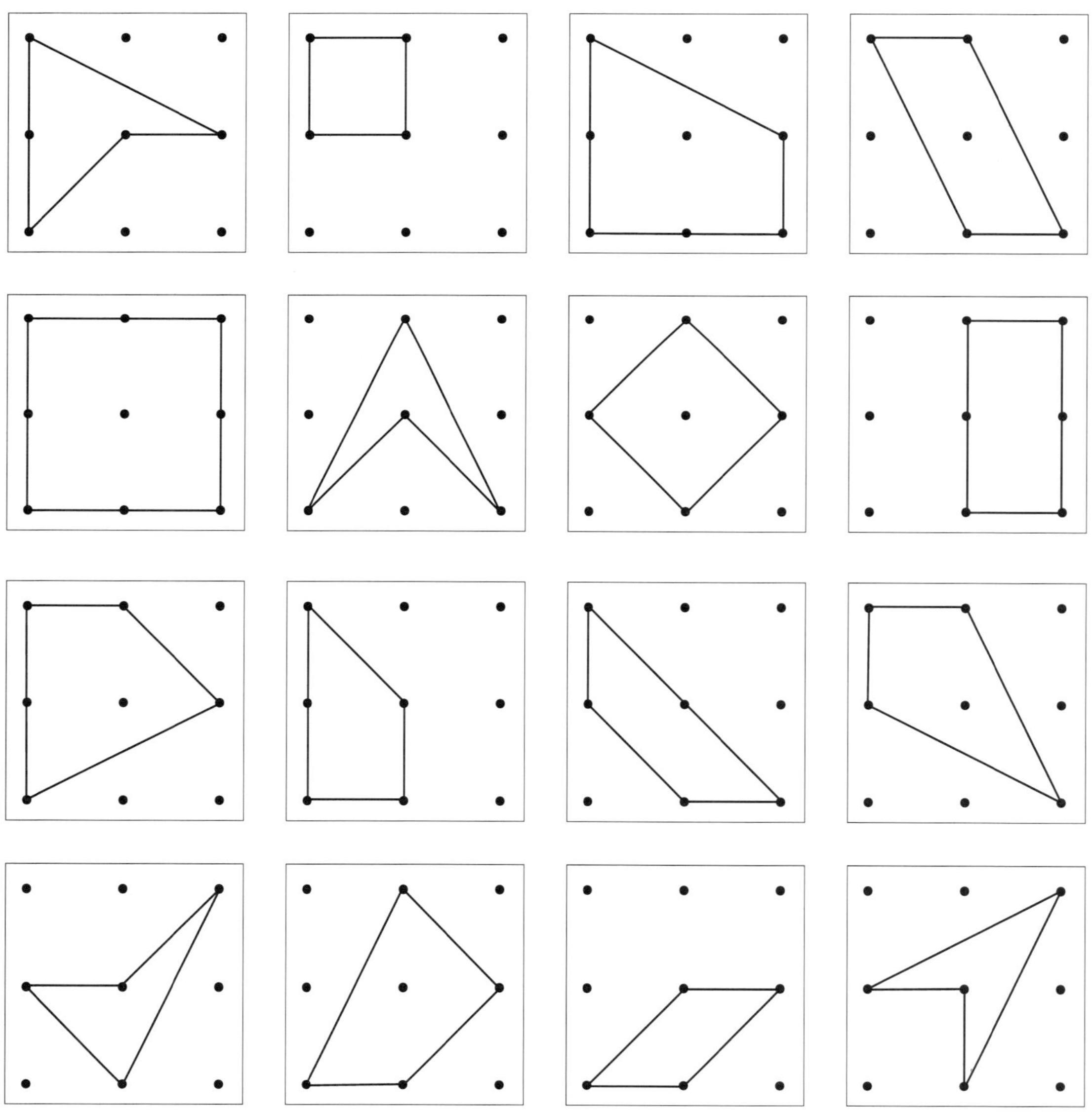

„Weißt du, welchen Körper ich meine?" – Das Körperbuch

Inhaltsbezogene Kompetenzen: Geometrische Figuren erkennen, benennen und darstellen

Prozessbezogene Kompetenzen: Modellieren, Darstellen, Kommunizieren

Dauer: 3–4 Unterrichtsstunden

Material: verschiedenartige Körpermodelle, Winkelmesser, KV 17–21 „Mein Körperbuch (Blanko-Vorlage), KV 22–26 „Mein Körperbuch" (Lösungsheft), KV 27 „Arbeitskarte", evtl. Körbe zur Aufbewahrung der Stationskarten, KV 28 „Stationskarten" als Wegweiser (Tipp: die schwierigen Buchstabenverbindungen/ Merkstellen – in Kopiervorlage grau – mit Farbe markieren), Aufnahmegerät für Tonaufnahmen

Darum geht es:
Die Schüler erarbeiten sich selbsttätig die Eigenschaften verschiedener geometrischer Körperformen. Dabei entdecken sie aktiv die Besonderheiten wie z. B. die Anzahl und die Form der Flächen. Der Schwerpunkt in dieser Unterrichtseinheit liegt im eigenständigen, handelnd-entdeckenden Lernen.

Das steckt dahinter:

Um die Unterschiede und Gemeinsamkeiten der verschiedenen Körperformen (wie z. B. Kugel, Pyramide, Prisma, Zylinder, Quader, Würfel, …) wirklich erfassen zu können, muss man diese selbst in der Hand gehabt haben. Durch das Angebot einer Lerntheke zu jedem einzelnen Körper ergeben sich vielfältige Möglichkeiten zur intensiven und handelnden Auseinandersetzung mit jedem einzelnen Körper. Mit der Auswahl verschiedener Modelle (Kantenmodell, Vollkörper, Füllkörper) aus verschiedenen Materialien können die Schüler lernen, dass Größe oder Material die Eigenschaften nicht beeinflussen. Über das Ausfüllen der einzelnen Seiten in ihrem Körperbuch werden die Kinder dazu angeregt, jede Fläche, Ecke oder Kante genau und intensiv zu betrachten. Auch wird der Umgang mit wichtigen geometrischen Fachbegriffen eingeübt. Besonders die Selbstbestimmung über Reihenfolge und Dauer der Bearbeitung der einzelnen Lernstationen erhöht die Motivation der Kinder enorm – und führt so zu einem besonders konzentrierten und intensiven Bearbeiten.

Lernchancen:

- dreidimensionale Darstellungen von Körpern zueinander in Beziehung setzen (Kantenmodelle und Netze untersuchen)
- Körper und ebene Figuren nach Eigenschaften sortieren und Fachbegriffe zuordnen
- Zeichnungen mit Hilfsmitteln sowie Freihandzeichnungen anfertigen
- handelnd und aktiv-entdeckend die Eigenschaften der Körperformen erfassen

So kann man vorgehen:

Vor dem Beginn der Unterrichtseinheit sollten in jedem Fall die einzelnen Flächenformen noch einmal wiederholt werden. Dazu eignet sich sehr gut die Lernumgebung „Wir haben, was gleich passen könnte, geordnet – Vierecke auf dem Geobrett erforschen" aus vorliegendem Werk (S. 33–40). Ausgestattet mit diesen wichtigen Fachbegriffen können die Schüler intensiv in die Auseinandersetzung mit den Körperformen starten.

Zum Einstieg in die Unterrichtseinheit bietet es sich an, die Schüler verschiedene Körper erfühlen zu lassen. Einige Formen sind sicher bereits bekannt, dennoch sollte auf eine korrekte Benennung der einzelnen Körper geachtet werden.
Zur Arbeit an der Lerntheke benötigen die Kinder einen Winkelmesser, um die rechten Winkel an den Körpern entdecken zu können. Dieser wird gemeinsam hergestellt, sodass jeder Schüler einen eigenen Winkelmesser hat:

Dazu kann jedes beliebige Blatt zunächst einmal gefaltet werden.

Wenn man nun diese Falzkante genau übereinanderlegt,

entsteht an der unteren Ecke ein rechter Winkel.

Dort fügt man nun das Zeichen für den rechten Winkel ein.

Diesen besonderen Winkel kann man an den Körperformen, aber auch im Klassenzimmer aufspüren. Das Einzeichnen im Heft ist aufgrund der perspektivischen Darstellung der Körper nur schwer möglich. Der entdeckte rechte Winkel kann nicht überall korrekt als 90-Grad-Winkel in der Zeichnung eingezeichnet werden. Hier könnte bei der Auswertung der Unterschied zwischen Vollansicht und Schrägansicht besprochen werden.
Anschließend werden die vorbereiteten Körperbücher (KV 22–26) ausgeteilt – jedes Kind erhält sein eigenes Exemplar, das individuell beschriftet wird. Das erhöht die Motivation zum sorgfältigen Arbeiten.
Auf der hinteren Umschlagseite sind nochmals alle Flächenformen zur Veranschaulichung abgebildet.

Die Körperbücher werden folgendermaßen hergestellt: Das Körperbuch besteht aus fünf DIN-A4-Seiten, die dann zu einem kleinen Heft gefaltet werden. Die Umschlagseite wird einfach kopiert. Die anderen vier DIN-A4-Seiten sind der Innenteil (kleine Seiten 1–8). Dafür werden jeweils zwei Seiten doppelseitig kopiert (am besten auf farbiges Papier). So entstehen drei Blätter. Diese werden der Linien entlang geschnitten und dann jeweils in der Mitte (an der gestrichelten Linie) gefaltet: beim

Umschlag so, dass sich das Titelbild oben auf befindet – bei den Innenteilseiten so, dass sich die kleine Seite 1 bzw. die kleine Seite 3 rechts unten befinden. Die drei gefalteten Blätter werden dann ineinandergelegt (so, dass die Seitennummerierung stimmt). Das Heft kann dann noch getackert werden. Das Lösungsheft wird genauso erstellt.

Für die Arbeit mit dem Körperbuch werden zunächst gemeinsam die Begrifflichkeiten und Definitionen auf der ersten Seite des Körperbuches geklärt:

Körper

Körper bestehen aus mehreren

Flächen.

Körper können wir anfassen.

Körper haben meist Ecken

und Kanten.

Was ist eine Ecke?

Eine Ecke entsteht, wenn mindestens 3

Flächen zusammentreffen.

Was ist eine Kante?

Eine Kante entsteht, wenn 2

Flächen zusammentreffen.

Die Kugel ist ein Sonderfall und nur schwierig, als Fläche darstellbar, deswegen ist die Zeichnung bereits vorgegeben. *Tipp:* Tennisball mit Cuttermesser zur Demonstration aufschneiden.

Anschließend wird gemeinsam der Arbeitsauftrag, der sich an jeder Station wiederholt und dort ausgelegt ist (KV 27 „Arbeitskarte“), besprochen. Nun werden die Schüler für mindestens zwei Unterrichtsstunden (bevorzugt an verschiedenen Unterrichtstagen) zum eigenständigen Arbeiten entlassen.

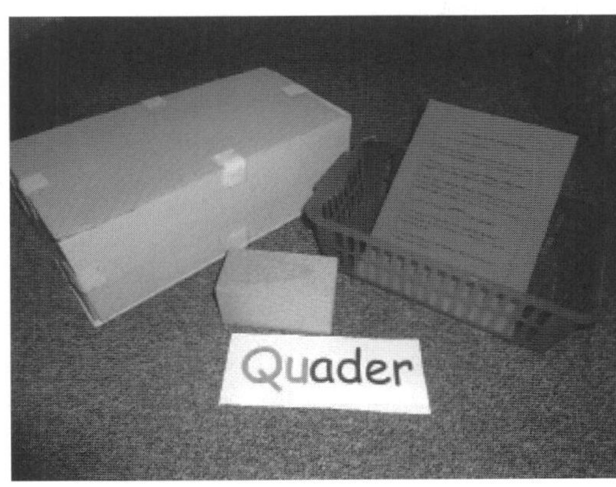

Dabei wählen diese selbst die Reihenfolge der zu bearbeitenden Stationen. Die entsprechende Seite aus dem Lösungsheft dient zur Selbstkontrolle. Schnellen Schülern kann man weiterführende Aufgaben wie z. B. das selbstständige Erstellen von Kanten- oder Netzmodellen auftragen. Durch das eigenständige Durchlaufen der einzelnen Stationen durch die Schüler bleibt dem Lehrer Zeit, sich um langsamer lernende Schüler zu kümmern. Wichtig ist die Reflexion am Ende jeder Stunde, die Schüler sollen dabei in ihrem Körperbuch eintragen, wie intensiv sie an diesem Tag gearbeitet haben. Zum Abschluss der Arbeit mit der Lerntheke stellen die Schüler ihren Lieblingskörper kurz mit den wichtigsten Fakten vor, sodass jeder – trotz Selbstkontrolle mit dem Lösungsheft – noch einmal auf den gleichen Wissensstand kommt.

Das haben die Schüler entdeckt:

Beispiele aus einem Körperbuch:

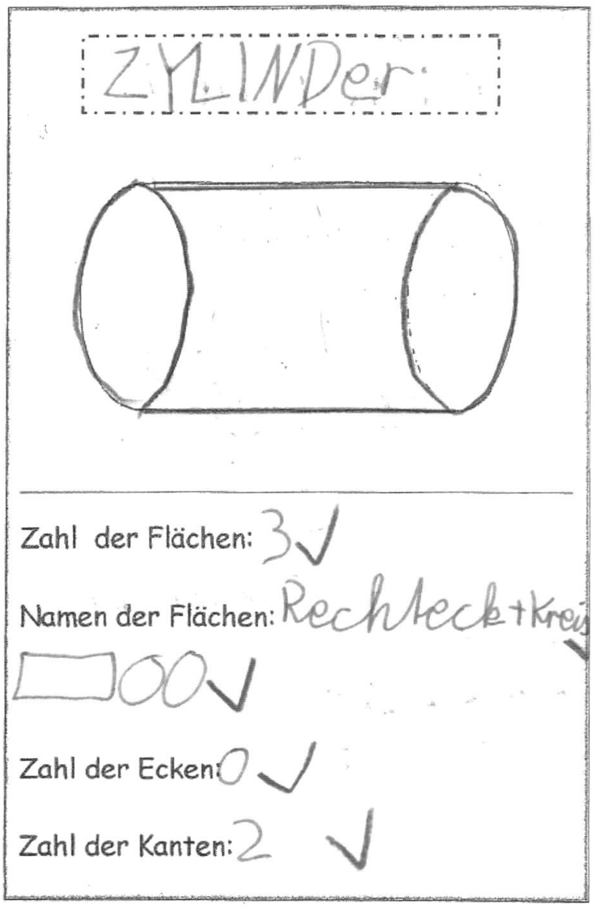

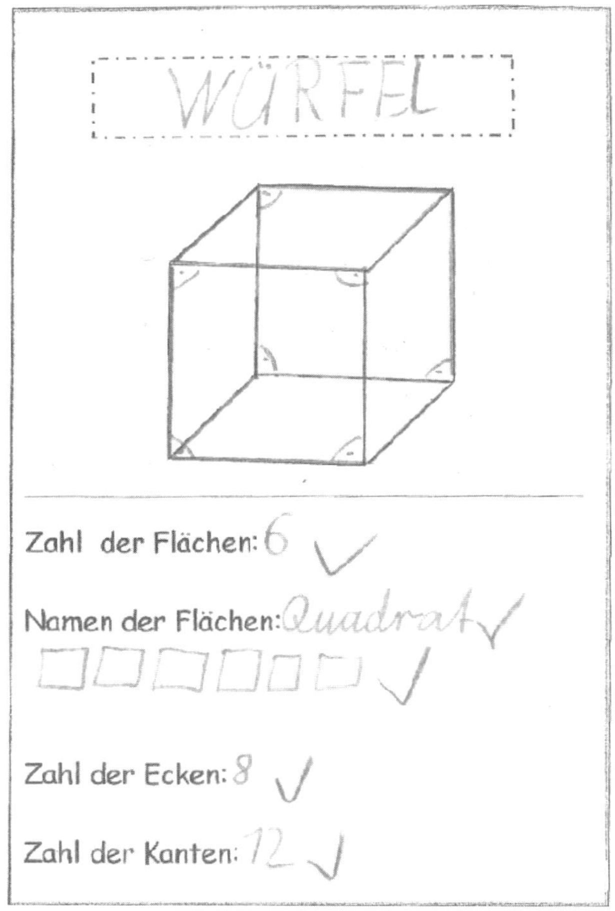

So kann es weitergehen:

Mit dem erlernten Wissen können die Schüler in der Folgestunde in Gruppen je ein Rätsel zu einer Körperform erstellen und als Hörspiel aufnehmen. Hier müssen noch einmal alle Fachbegriffe und Eigenschaften sortiert werden, um ein anspruchsvolles Rätsel zu erstellen. Das Einsprechen auf Band verlangt präzise Formulierungen mit den erlernten Fachbegriffen vonseiten der Schüler. Das Lösen der verschiedenen, akustisch dargebotenen Rätsel schult enorm das kopfgeometrische Vorstellungsvermögen der Kinder. Diese müssen vor ihrem inneren Auge noch einmal alle genannten Ecken, Kanten und Flächen zusammenbauen und mit dem richtigen Namen in Verbindung bringen.

Hier einige Beispiele der selbstverfassten Rätsel:

Weißt du, welchen Körper ich meine? Hör gut zu.
Schreibe den Namen des Körpers und versuche, ihn zu zeichnen.
Der Körper hat 8 Kanten und 5 Flächen.
Pause
Brauchst du noch einen Tipp? Er hat eine Spitze!
Pause
Richtig, es ist die Pyramide.

Der gesuchte Körper hat 3 verschiedene Flächen.
Sie kommen jeweils genau 2-mal gleich vor.
Pause
Brauchst du noch einen Tipp?
Die Flächen sind rechteckig.
Pause
Gut erkannt, es ist ein Quader.

Der gesuchte Körper kann rollen.
Er besteht aus 3 Flächen.
Pause
Hier noch ein Tipp: Es gibt Hüte, die so ähnlich aussehen.
Pause
Du hast richtig getippt, wenn du an den Zylinder gedacht hast.

Natürlich lassen sich alle weiteren Aufgabenformate, wie das Zuordnen von Ansichten verschiedener Bauwerke, anschließen. Besonders wichtig erscheint aber die intensive, handelnde Auseinandersetzung, da in allen weiteren Klassenstufen noch detaillierter auf die Körperformen eingegangen wird, z. B. in der Volumenberechnung oder beim Umgang mit Größen, Maßeinheiten und Messgeräten.

Die Grundidee für das Körperbuch stammt von Frau Rogg-Bigelmaier, Rektorin, und Tonia Keppeler, Lehrerin.

Verschiedene Flächen

Es gibt verschiedene Flächenformen:

Rechteck

Quadrat

Kreis

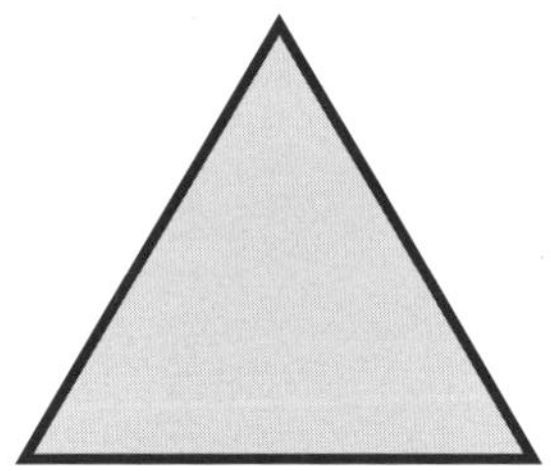

Dreieck

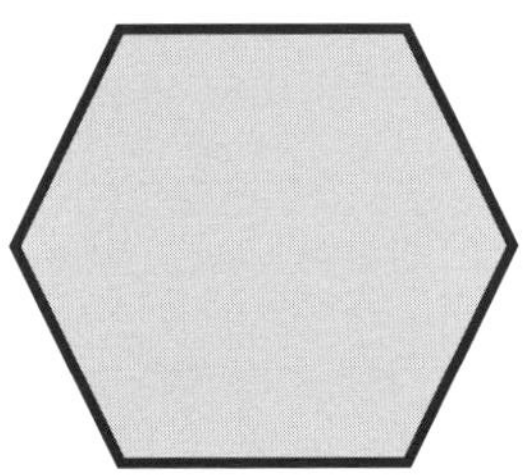

Sechseck

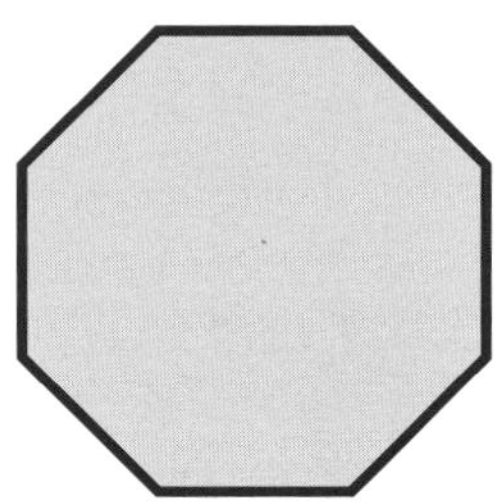

Achteck

Mein Körperbuch

Name: ____________________

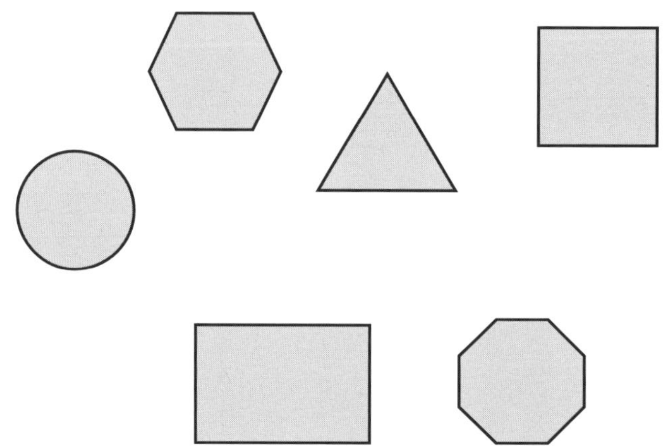

Das habe ich heute geschafft!

Datum	Thema	So habe ich gearbeitet
		☺ 😐 ☹
		☺ 😐 ☹
		☺ 😐 ☹
		☺ 😐 ☹
		☺ 😐 ☹
		☺ 😐 ☹
		☺ 😐 ☹
		☺ 😐 ☹
		☺ 😐 ☹

Körper

Körper bestehen aus mehreren

______________________________.

Körper können wir ______________________.

Körper haben meist ______________________

und ______________________.

Was ist eine Ecke?

Eine Ecke entsteht, wenn mindestens __________

Flächen zusammentreffen.

Was ist eine Kante?

Eine Kante entsteht, wenn ______________

Flächen zusammentreffen.

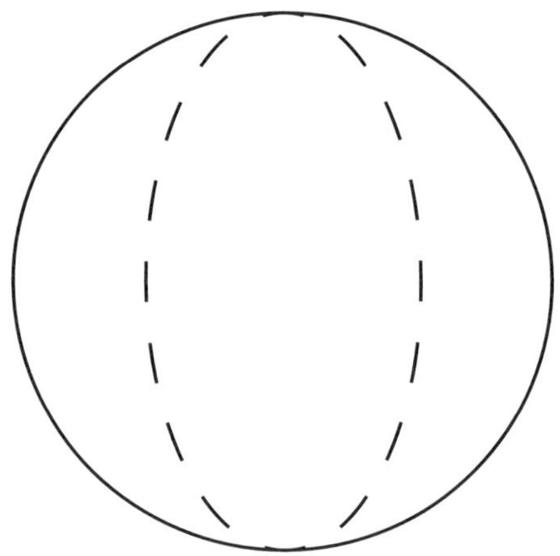

Flächen:

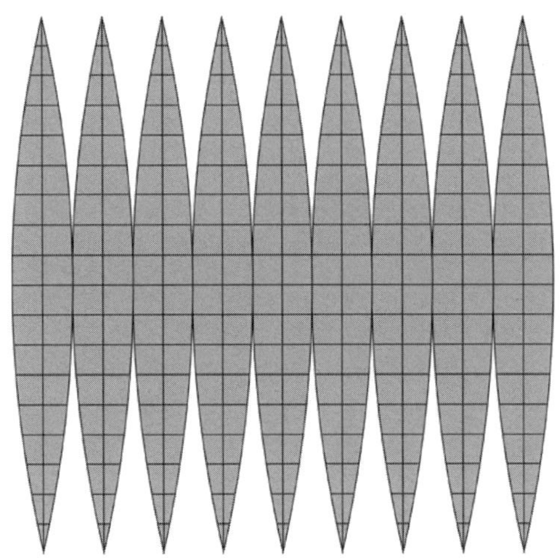

Zahl der Ecken:

Zahl der Kanten:

2

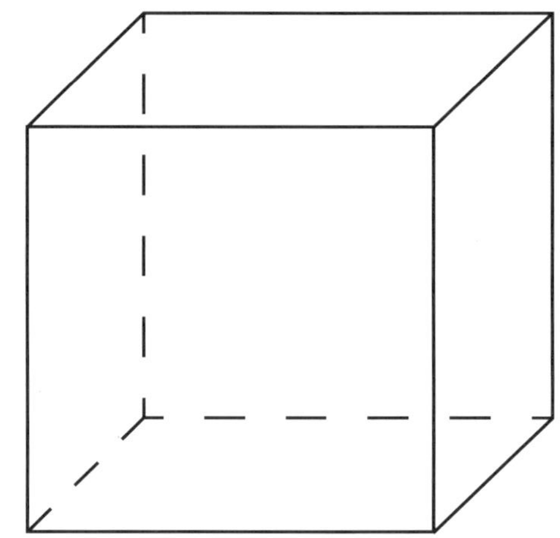

Zahl der Flächen:

Namen der Flächen:

Zahl der Ecken:

Zahl der Kanten:

7

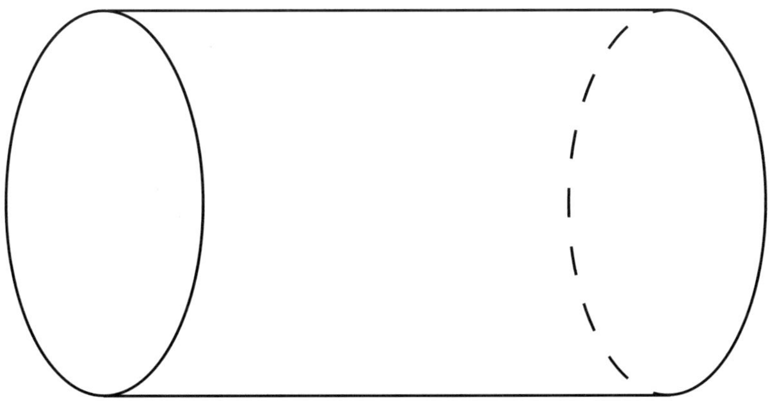

Zahl der Flächen:

Namen der Flächen:

Zahl der Ecken:

Zahl der Kanten:

6

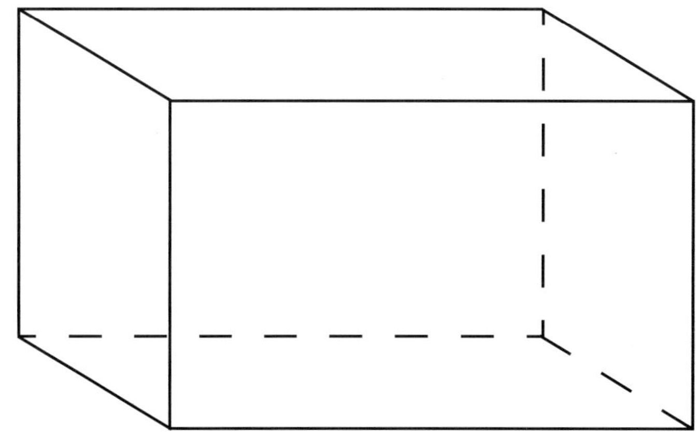

Zahl der Flächen:

Namen der Flächen:

Zahl der Ecken:

Zahl der Kanten:

3

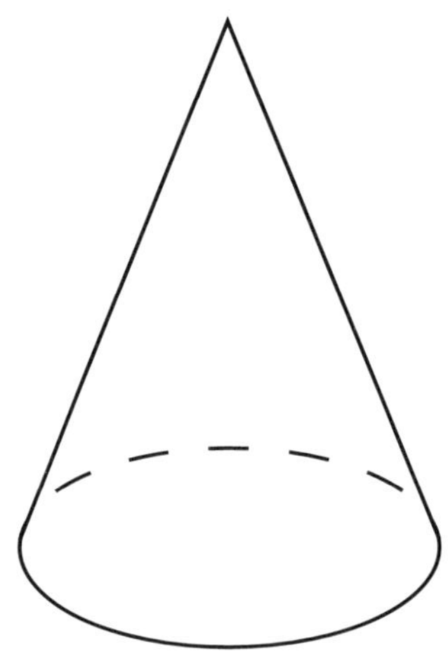

Zahl der Flächen:

Namen der Flächen:

Zahl der Ecken:

Zahl der Kanten:

4

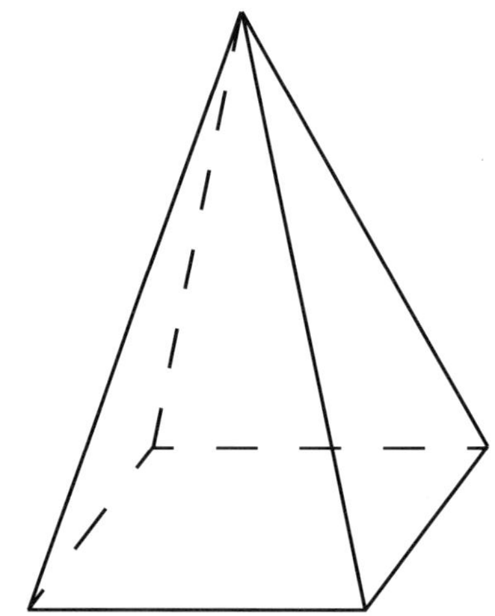

Zahl der Flächen:

Namen der Flächen:

Zahl der Ecken:

Zahl der Kanten:

5

Mein Körperbuch

Lösungsheft

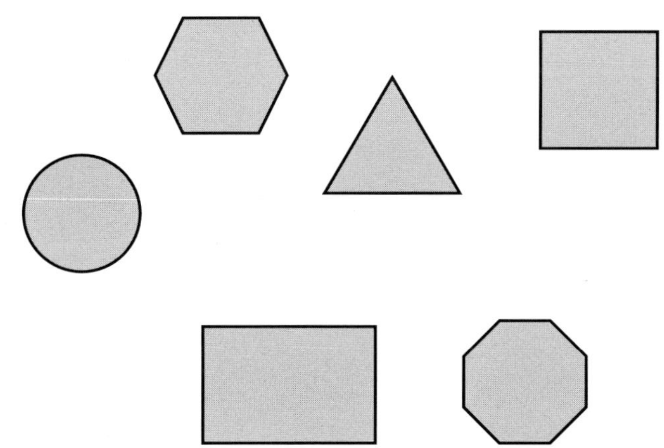

Das habe ich heute geschafft!

Datum	Thema	So habe ich gearbeitet
		☺ 😐 ☹
		☺ 😐 ☹
		☺ 😐 ☹
		☺ 😐 ☹
		☺ 😐 ☹
		☺ 😐 ☹
		☺ 😐 ☹
		☺ 😐 ☹
		☺ 😐 ☹

Körper

Körper bestehen aus mehreren

Flächen.

Körper können wir anfassen.

Körper haben meist Ecken

und Kanten.

Was ist eine Ecke?

Eine Ecke entsteht, wenn mindestens 3

Flächen zusammentreffen.

Was ist eine Kante?

Eine Kante entsteht, wenn 2

Flächen zusammentreffen.

Kugel

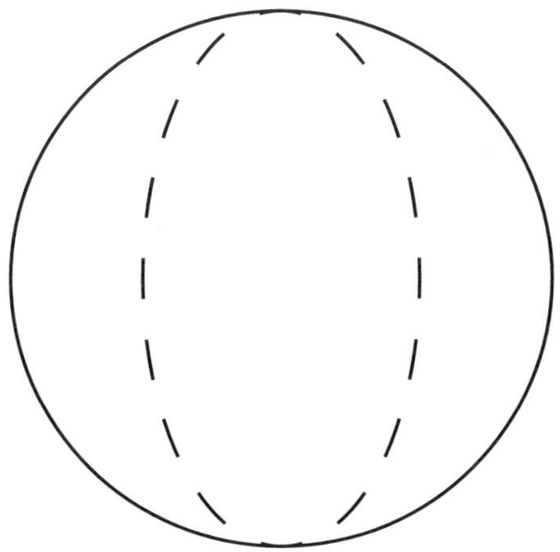

Flächen: 1

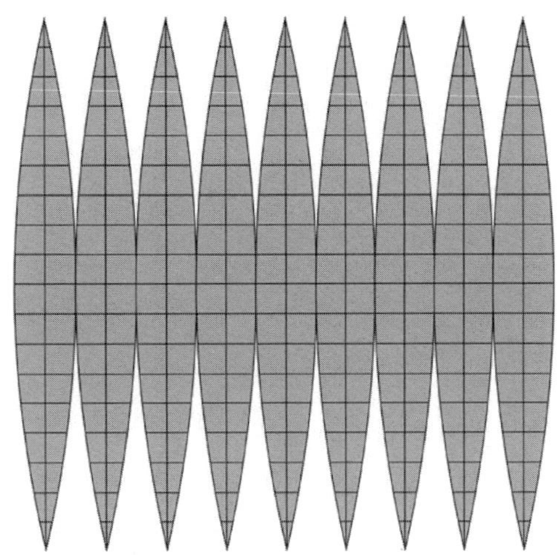

Zahl der Ecken: 0

Zahl der Kanten: 0

2

Würfel

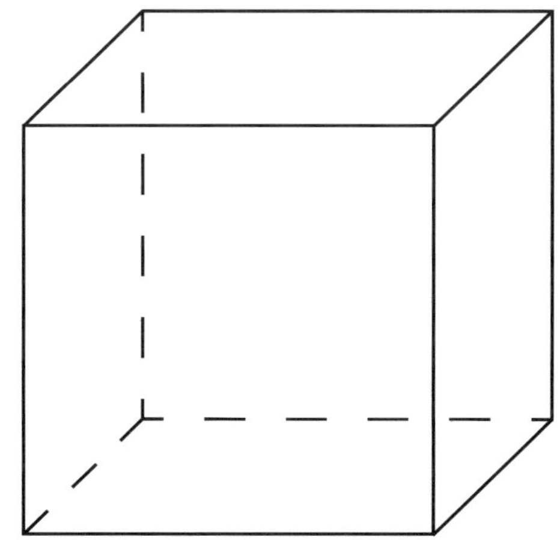

Zahl der Flächen: 6

Namen der Flächen: Quadrat

Zahl der Ecken: 8

Zahl der Kanten: 12

7

Zylinder

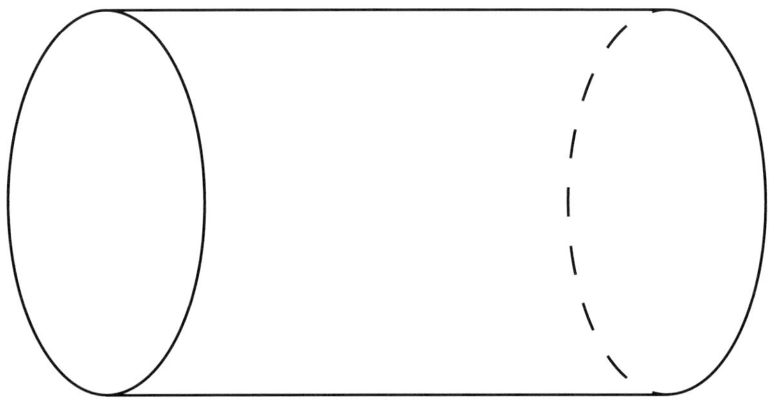

Zahl der Flächen: 3

Namen der Flächen: Kreis, Rechteck

Zahl der Ecken: 0

Zahl der Kanten: 2

6

Quader

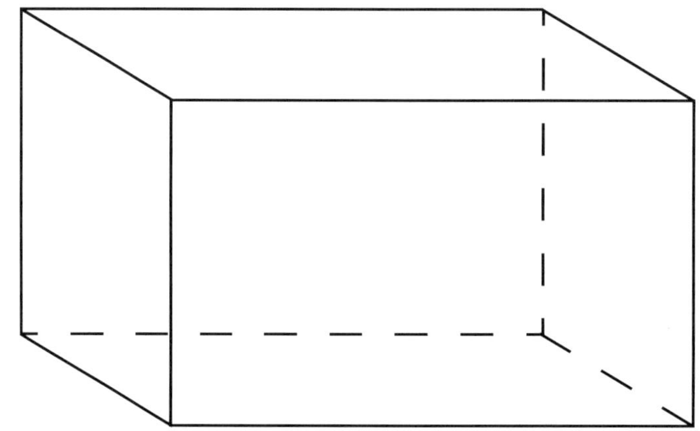

Zahl der Flächen: 6

Namen der Flächen: Rechteck

Zahl der Ecken: 8

Zahl der Kanten: 12

3

Kegel

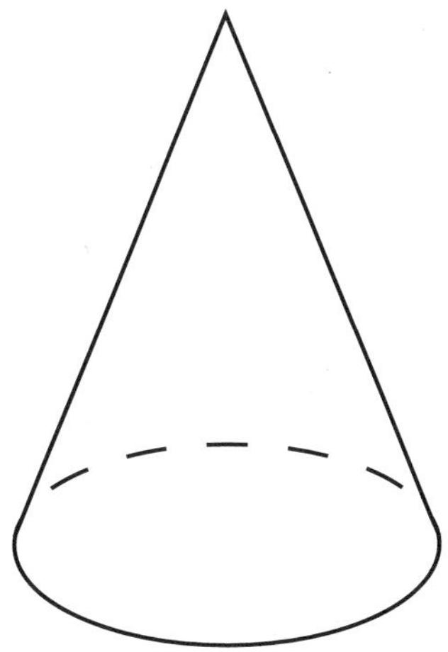

Zahl der Flächen: 2

Namen der Flächen: Kreis, Kreisausschnitt 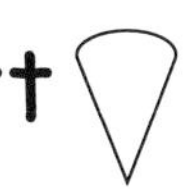

Zahl der Ecken: 1

Zahl der Kanten: 1

4

(vierseitige) Pyramide

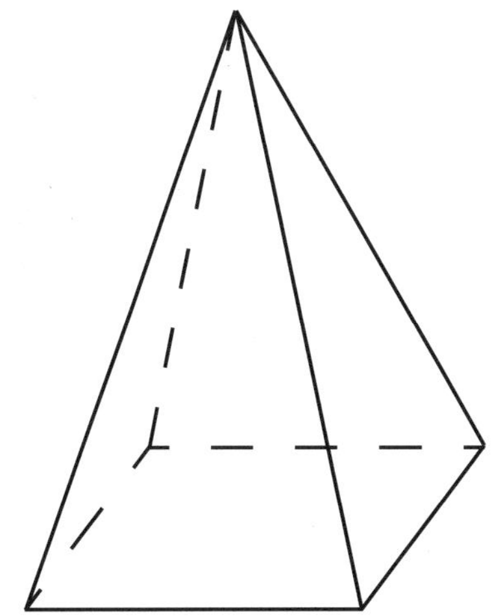

Zahl der Flächen: 5

Namen der Flächen: Quadrat, Dreieck

Zahl der Ecken: 5

Zahl der Kanten: 8

5

Arbeitskarte

1. Suche die Zeichnung in deinem Körperheft und schreibe den **Namen** richtig in das Kästchen.

2. Probiere: Kann der Körper **stehen**, **rollen** oder **kippen**? Fahre **alle Linien** mit Bleistift nach.

3. Wie viele **Flächen**, **Ecken**, **Kanten** entdeckst du an diesem Körper? Trage die richtige Anzahl ein. **Zeichne und notiere**, welche Flächen wie oft vorkommen.

4. Sind die Flächen **gekrümmt** oder **gerade**?

5. In welche Ecken passt ein **rechter Winkel**? Probiere mit deinem Winkelmesser aus.

6. Hat der Körper eine **Spitze**? Markiere sie mit einem roten Punkt.

7. Räume die Station wieder ordentlich auf. Kontrolliere mit dem Lösungsheft.

KV 28 „Stationskarten“

Kugel
Würfel
Quader
Kegel
Zylinder
Pyramide

„Weil, wenn das Ganze fertig ist, ergibt es ein Muster!“ – Würfel kippen

Inhaltsbezogene Kompetenzen:	Gesetzmäßigkeiten erkennen, beschreiben und darstellen
Prozessbezogene Kompetenzen:	Argumentieren, Kommunizieren, Darstellen, Problemlösen
Dauer:	2 Unterrichtsstunden
Material:	Einheitswürfel aus Holz (2 cm x 2 cm x 2 cm, eine Fläche markiert mit einem farbigen Klebepunkt – einen für jedes Kind), KV 29–33 „Wortkarten“, Arbeitsblatt „Würfel kippen“ (KV 34/35 doppelseitig), verschiedene Farbstifte, farbige Ziffernkarten 3–9 (KV 36–39 – jede Ziffernkarte auf ein anderes farbiges Papier kopieren)

Darum geht es:
Durch das Kippen eines Würfels auf einem Schachbrett-Raster entdecken die Schüler Strukturen und Regelmäßigkeiten. Durch die unterschiedliche Anzahl der Kippbewegungen entsteht ein symmetrisches Muster. Es ist hierbei nicht das vorrangige Ziel, dass die Schüler die mathematische Erklärung für die regelmäßige Anordnung erfassen. Es geht vielmehr darum, dass die Schüler – angebahnt durch kopfgeometrische Übungen – bei dieser spannenden Aufgabe spielerisch die Flächenabwicklung des Würfels entdecken und über die Entstehung des Musters staunen.

Das steckt dahinter:

In der Mitte eines Schachbrett-Feldes (9 x 9 Kästchen, jeweils 2 cm x 2 cm groß) liegt das Startfeld. Von diesem aus wird der Würfel vorwärts, seitwärts oder rückwärts solange gekippt, bis er mit dem markierten Punkt wieder oben liegt.

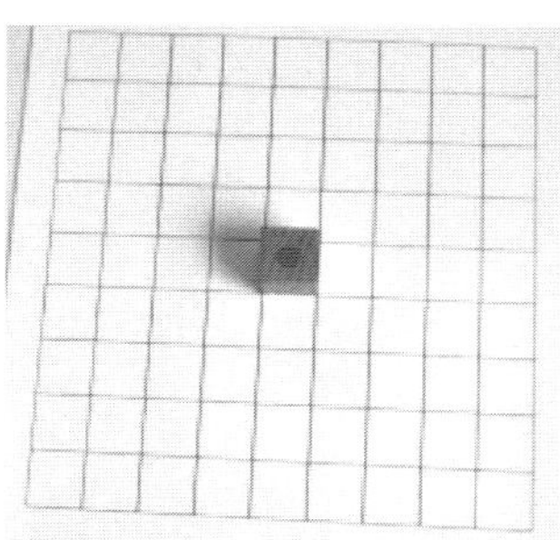

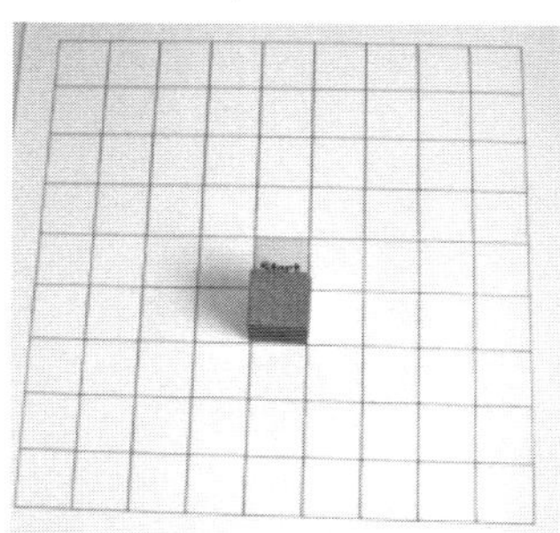

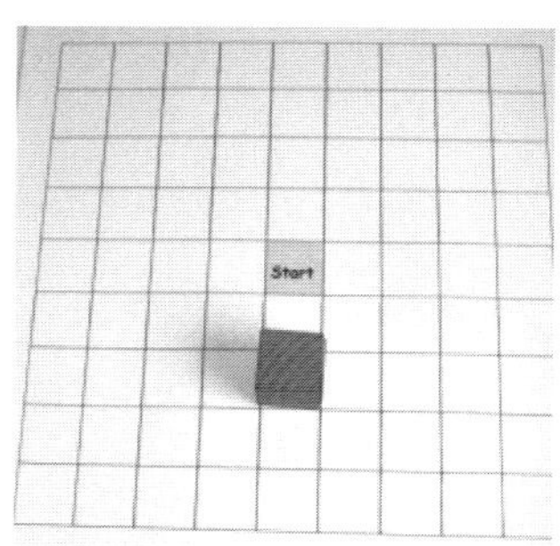

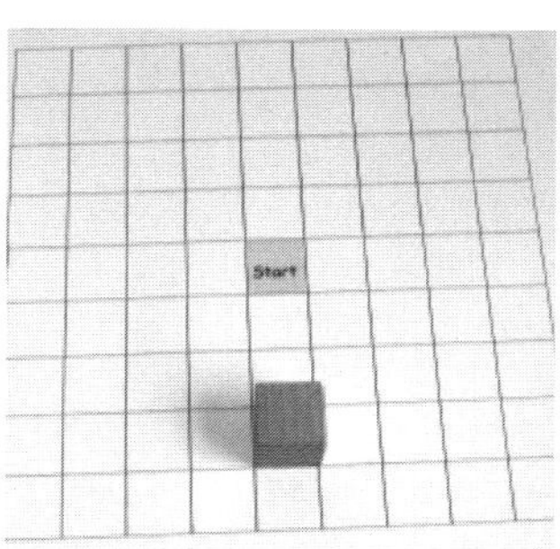

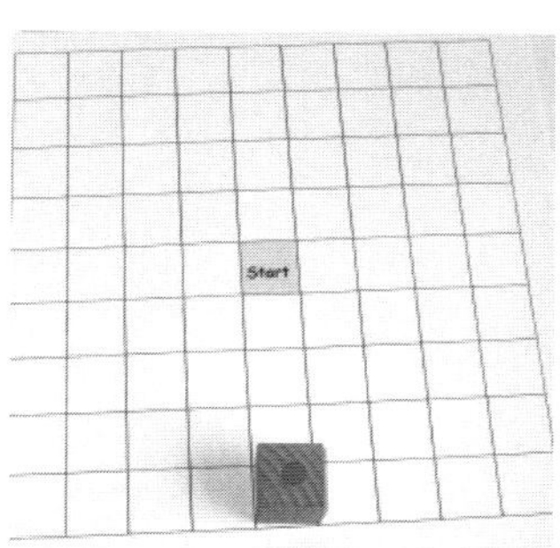

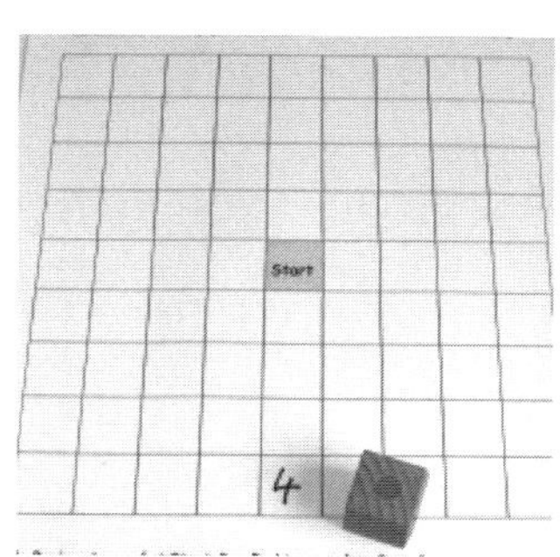

Je nach Richtung braucht man drei oder mehr Kippbewegungen, bis der Punkt wieder oben liegt. Kombinatorisch gibt es eine bestimmte Anzahl von möglichen Kippbewegungen, die sich viermal im Feld wiederholen. Es ist möglich, alle Felder zu erreichen. Jedes der Felder kann durch verschiedene Anzahlen erreicht werden – Ziel ist es, die kleinste Anzahl von Kippbewegungen zu finden. Durch das Finden und Markieren der Anzahlen mit Farbe entdecken die Schüler im Anschluss die symmetrischen Muster. Sie müssen diese Gesetzmäßigkeit zunächst erkennen, um sie dann einem Gegenüber beschreiben zu können. Dabei werden Fachbegriffe wie Spiegelachse oder Symmetrie angewendet.

Lernchancen:

- Wege auffinden, beschreiben und nachvollziehen; räumliche Beziehungen erkennen und nutzen
- handelnd und spielerisch mit geometrischen Mustern sowie mit der Abwicklung der Würfelflächen umgehen
- durch kopfgeometrische Übungen die Raum-Lage-Wahrnehmung schulen
- im entstandenen Muster symmetrische Regelmäßigkeiten und Spiegelachsen entdecken
- Freude am Erforschen von Mustern und am Entdecken von mathematischen Gesetzmäßigkeiten entwickeln

So kann man vorgehen:

Als Einstimmung wird den Kindern, die mit geschlossenen Augen und ausgestreckten Armen einen Stehkreis bilden, je ein Würfel in die Hand gegeben. Blind sollen die Eigenschaften des Körpers ertastet werden, um dann mit geöffneten Augen die wichtigsten Merkmale des Würfels wiederholen zu können.

Einheitliche Bezeichnungen wählen und besprechen! Vorne oder hinten? Seitwärts oder nach links? Vorwärts oder rückwärts?

Zurück am Platz wird mit den Schülern eine Übung zur Kopfgeometrie durchgeführt. Zunächst wird der Würfel mit dem Punkt nach oben abgelegt. Dies stellt für die gesamte Stunde die „Startposition" dar. Nun kippen die Schüler den Würfel nach Anweisungen auf der Tischfläche. Am Schluss steht immer die Frage: Wo befindet sich der Punkt jetzt?

Ein Beispiel: „Kippe den Würfel nach vorne, dann nach links und dann noch einmal nach vorne." → Der Punkt zeigt nun nach unten.

Auch Schüler können sich gegenseitig Kippanweisungen geben. Die Schwierigkeit steigert sich, wenn die Kinder den Würfel nur noch im Kopf kippen, ohne die Handlung aktiv durchzuspielen. Diese Imagination im Kopf muss natürlich geübt werden und kann nicht von jedem auf Anhieb erfasst werden. So lernen die Schüler aber nach und nach, wie sie räumliche Beziehungen im Kopf nachvollziehen können. Dies stellt eine wichtige Grundlage für das Modellieren mathematischer Situationen im Kopf dar.

Setze den Würfel auf START. Der Punkt muss nach oben zeigen.

Anschließend muss die Aufgabenstellung im Plenum ausführlich mithilfe der Wortkarten (KV 29–33) besprochen werden. Nur wenn wirklich jeder den Auftrag vollständig erfasst hat, kann sinnvoll und erfolgreich gearbeitet werden. So sind auch keine störenden Zwischenfragen zum Aufgabenverständnis notwendig. Für langsamer lernende Kinder bietet es sich an, zunächst gemeinsam in einer Kleingruppe die ersten Kippbewegungen auf dem Arbeitsblatt (KV 34/35) durchführen. Jeder Einzelne darf sich dann von der Gruppe lösen, sobald er sich sicher genug fühlt. Währenddessen muss im Klassenzimmer Wert auf eine ruhige und konzentrierte Atmosphäre gelegt werden, damit jeder sein eigenes Lernpotenzial voll ausschöpfen kann.

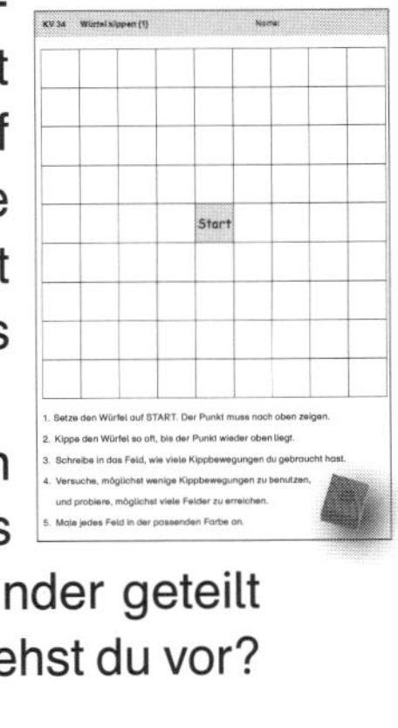

Nach einer intensiven Arbeitsphase von zehn bis fünfzehn Minuten ist es Zeit für den ersten Austausch mit einem Gegenüber. Durch den Impuls: „Bestimmt ist dir schon etwas aufgefallen!" wird ein Partnergespräch angeleitet, in dem erste Auffälligkeiten miteinander geteilt werden, z. B.: Welche Zahlen kommen vor? Welche Zahl hast du in der linken Ecke? Wie gehst du vor?

Nach einigen Minuten wird der nächste Arbeitsschritt eingeführt, nämlich das Markieren gleicher Ziffern mit der gleichen Farbe. Wenn alle Kinder beispielsweise für die Zahl 3 die Farbe Grün verwenden, können sie in der Abschlussrunde ihre Ergebnisse sehr viel leichter vergleichen. Es folgt wieder eine Einzelphase von ungefähr zwanzig Minuten, in welcher die Kinder großen Ehrgeiz und enormes Durchhaltevermögen zeigen.

A5-Karten aus verschiedenen Farben Tonpapier ausschneiden und zum Arbeitsauftrag hängen.

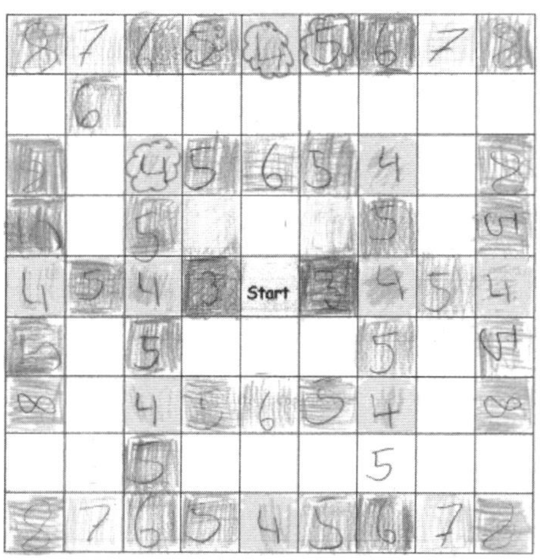

Es ist in der Regel nicht nötig, Zusatzaufgaben für besonders rasche Kinder anzubieten. Es besteht aber die Möglichkeit, dass sich die fertigen Schüler im Forschertreff (→ Forschertreffs/Rechenkonferenzen) zusammenfinden, um ihre Entdeckungen auszutauschen.

Obwohl einige Kinder sich noch lange ihrer Entdeckerfreude hingeben möchten, sollte nach ca. 50 Minuten des gesamten Stundenablaufs die Abschlussdiskussion initiiert werden. Zuhause oder in freien Arbeitsphasen kann eventuell noch am Weiterführen des Musters gearbeitet werden. Zunächst sollen die Schüler ihre Entdeckungen auf der Rückseite des Arbeitsblatts (erster Abschnitt) beschreiben. Im Sitzkreis/Plenum (→ Kommunizieren im Plenum/Präsentieren der Ergebnisse) können nun die farbigen Kästchen miteinander verglichen und besprochen werden. Dazu bringt jedes Kind sein Arbeitsblatt mit und verfolgt auf seinem eigenen Blatt das Gespräch. Es erstaunt einen immer wieder, wie vielfältig die Entdeckungen der Schüler hier sind und wie genau sie – durch die intensive Auseinandersetzung mit der Sache – ihre Argumente formulieren können. Abschließend werden einige möglichen Impulsfragen zur Moderation der Diskussion vorgeschlagen:

- Sieh dir die Zahlen genau an. (gerade/ungerade Zahlen)
- Vielleicht sind einige Kästchen frei geblieben? Warum? Wie könnte man diese erreichen? (Orientierung im Raum, genaues Hinsehen, Knobeln)

- Es sieht irgendwie „schön“ aus! (Muster erkennen, Farben und ihre Häufigkeit beschreiben, Symmetrie beschreiben, Spiegelungen und Achsen erkennen)
- Gibt es häufige Zahlen (Farben)/weniger häufige Zahlen (Farben)? (Häufung der Kippbewegungen erkennen)
- Finde die kleinste/größte Zahl. (Eingrenzung der Möglichkeiten, Zusammenhang mit der Würfelflächen-Abwicklung erkennen)
- Vielleicht hast du einen Trick gehabt beim Finden der Zahlen? (Zahlen schreiben ohne kippen □ Regelmäßigkeiten erkennen und beschreiben)
- Probiere, möglichst viele Kästchen zu füllen. (Schüler anregen, über das Probieren zum systematischen Probieren und dann zum systematischen Eintragen zu kommen)
- Gibt es vielleicht für ein Kästchen mehrere Lösungen? (Wege beschreiben)

Abschließend notieren die Schüler auf dem zweiten Abschnitt ihre Reflexionen. So erhält der Lehrer einen guten Einblick über die Resonanz der Kinder.

Das haben die Schüler entdeckt:

Das habe ich alles entdeckt!

Es gibt viele 4,5,6,7,8. Und nur wenige andere Zahlen z.B. 14. Es ist fast ein „T“. Es ist immer eine bestimmte Zahlenfolge.

Das habe ich alles entdeckt!

Manchmal stehen die Zahlen in einer Reihenfolge wie zum Beispiel 65456 oder 345* und 4567 ist auch Dabei. Die ~~Zahlen~~* außen haben eine Reihenfolge.

* Farben

Das habe ich alles entdeckt!

Am Rand ist immer dieses Zahlen muster:

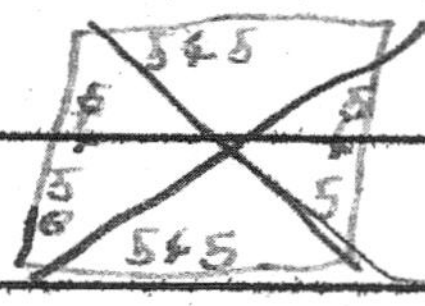

X 876545678
7
6 7
5 6
4 5
5 4
6 5
7 6
8 7
876545678

Warum ist das so? Versuche, zu erklären.

Das habe ich alles entdeckt!

Es sind erstmal 81 tafeln, und bei den gegenüberlegenden ist immer die gleiche Zahl.

Warum ist das so? Versuche, zu erklären.

Die Nr 4 kommt am öftersten vor weil der Würfel hat ja wenn man in auf einer Seite dreht 4 Flächen. und darum kommt immer Nr 4 raus.

Warum ist das so? Versuche, zu erklären.

Weil es eine Spiegelachse gibt, dadurch entsteht das Muster

Weitere Entdeckungen

„Die Zahlen liegen geordnet da."

„Ich habe erst mal oben alle Zahlen eingetragen und dann ist mir aufgefallen, dass man das ja auch spiegeln kann, weil unten ist es ja das gleiche."

„Es gibt keine 2, es geht von 3 aufwärts."
„Die 5 sind immer mit der 4 verbunden."

„Manche Zahlen sind symmetrisch."
„Es gibt eine Spiegelachse."

„Die obere Reihe und die untere Reihe sind genau gleich. Am meisten gibt es die Zahl 4."

Setze den Würfel auf START.

Der Punkt muss nach oben zeigen.

KV 30 „Wortkarte 2“

Kippe den Würfel
so oft,
bis der Punkt wieder
oben liegt.

Schreibe in das Feld,
wie viele
Kippbewegungen
du gebraucht hast.

KV 32 „Wortkarte 4“

Male jedes Feld in der passenden Farbe an.

Bestimmt fällt dir etwas auf! Notiere deine Entdeckungen auf der Rückseite.

KV 34 **Würfel kippen (1)** Name:

				Start				

1. Setze den Würfel auf START. Der Punkt muss nach oben zeigen.
2. Kippe den Würfel so oft, bis der Punkt wieder oben liegt.
3. Schreibe in das Feld, wie viele Kippbewegungen du gebraucht hast.
4. Versuche, möglichst wenige Kippbewegungen zu benutzen, und probiere, möglichst viele Felder zu erreichen.
5. Male jedes Feld in der passenden Farbe an.

KV 35 **Würfel kippen (2)** Name:

Das habe ich alles entdeckt!

Warum ist das so? Versuche, zu erklären.

So habe ich mich bei dieser Aufgabe gefühlt!

☺

😐

☹

Was ich noch sagen wollte!

3

4

5

6

7

8

9

„Aber mir gefällt Kombinieren!“ – Kombinatorik musikalisch

Inhaltsbezogene Kompetenzen: Funktionale Beziehungen erkennen, beschreiben und darstellen; Daten erfassen und darstellen (aus dem Bereich „Daten, Häufigkeit und Wahrscheinlichkeit“)

Prozessbezogene Kompetenzen: Darstellen, Kommunizieren, Argumentieren, Problemlösen, Modellieren

Dauer: 1 Unterrichtsstunde

Material: Ausgangsaufgabe (KV 40 – oben), evtl. Arbeitsauftrag groß für Tafel, Trompete oder Flügelhorn bzw. Abbildung davon, Signalkarten „Forschertreff“ (KV 10/11), Zusatzaufgaben (KV 40 – unten)

Darum geht es:
Um die Schüler spielerisch und motivierend an das Lösen einer kombinatorischen Aufgabe heranzuführen, wurde eine Aufgabenstellung aus der Welt der Musik gewählt. Die drei Tasten (Ventile) einer Trompete oder eines Flügelhorns erzeugen durch verschiedene Handgriffe unterschiedliche Töne. Die Schüler sollen versuchen, diese Aufgaben geschickt zu lösen und ihren Lösungsweg im Forschertreff zu erklären. Die Begrenzung auf drei Tasten ermöglicht eine überschaubare und gut darstellbare Lösung.

Das steckt dahinter:

Die Kombinatorik befasst sich mit der Frage, wie verschiedene Elemente einer endlichen Menge ausgewählt und miteinander angeordnet werden können. Bei dieser Aufgabe wurde ein lebensnaher, motivierender Kontext, nämlich ein Musikinstrument, ausgewählt. Über den Luftstrom, den der Musiker ins Mundstück bläst, wird je nach gedrückter Taste ein bestimmter Ton erzeugt. Die Schüler können dies sehr gut an einem realen Beispiel oder einer Abbildung nachvollziehen. Nun muss geschickt überlegt werden, wie viele mögliche Kombinationen mit diesen drei Tasten gebildet werden können. Es gibt folgende acht Möglichkeiten:

OOO OO**O** O**O**O **O**OO **OO**O **OOO** O**OO** **O**O**O**

Lernchancen:

- motiviert an eine neuartige Aufgabenform herangehen, spielerisches Erproben der richtigen Lösung an konkretem Material, Zutrauen in eigene Fähigkeiten stärken
- mathematisches Handeln auf der enaktiven, ikonischen und symbolischen Ebene
- lebensnaher Kontext, Allgemeinwissen erweitern, Umwelterschließung
- eigene Lösungswege übersichtlich und effektiv darstellen
- andere Lösungswege nachvollziehen, bei Verständnisschwierigkeiten gezielt nachfragen
- Trainieren der Fähigkeiten: Vermutungen äußern, eigenständig eine Problemlösung finden und sich verständlich ausdrücken

So kann man vorgehen:

Zunächst wird den Schülern im Plenum eine Trompete oder ein Flügelhorn präsentiert.

Durch das Abfragen des Vorwissens kommt man im Unterrichtsgespräch schnell auf das Thema: Wie entsteht ein Ton? Nun wird vom Lehrer die Aufgabenstellung (KV 40 – oben) vorgelesen (eventuell an die Tafel gehängt) und jeder Schüler erhält einmal kurz die Möglichkeit, das Instrument und die Tasten zu befühlen. Dabei muss jeder eine Schätzung über die mögliche Lösungszahl abgeben.

Falls Bedarf besteht, können einzelne Schüler zu einer erweiterten Orientierung (→ Erweiterte Orientierung) im kleinen Kreis beim Lehrer sitzen bleiben. Mit diesen Kindern könnte man noch einmal das Drücken der verschiedenen Töne ausprobieren und Ideen zur schriftlichen Darstellung besprechen. Während der Ich-Phase probieren die Schüler auf ihrem Arbeitsblatt, möglichst alle Lösungen zu finden. Die Praxis hat dabei gezeigt, dass sich die Schüler sehr motiviert und konzentriert mit der Aufgabenstellung auseinandersetzen.

Im Austausch mit zwei anderen Schülern im Forschertreff (→ Forschertreffs/Rechenkonferenzen) soll der Lösungsweg plausibel erklärt werden. Während dieser Phase des Austausches entstanden in der Praxis viele interessante Diskussionen, die Schüler wurden zum Argumentieren angeregt und erhielten wichtige Tipps, um ihre Lösungswege gegebenenfalls noch einmal zu verändern.

Schnelle Schüler, die diese Aufgabe rasch überblickt und eine plausible Lösung gefunden hatten, erhielten noch zwei Zusatzaufgaben zum Weiterdenken:

a) Reichen diese Töne für ein Lied aus? Wie kann er noch mehr Töne bilden?
b) Wähle ein anderes Instrument aus: Gitarre, Blockflöte, Klavier, ... Wie viele Töne kannst du damit erzeugen?

Am Ende der Stunde wird im Plenum (→ Kommunizieren im Plenum/Präsentieren der Ergebnisse) die richtige Lösung diskutiert und jeder kann seine Argumente vortragen. Am Instrument können die verschiedenen Kombinationen noch einmal konkret handelnd nachvollzogen werden. Bei der sich anschließenden mündliche Reflexion zeigte sich in der Praxis, dass die Schüler verschiedene Hilfen zu schätzen wussten und auch Hilfen auf verschiedenen Ebenen brauchten:

Hanna:	„Mir hat die Trompete geholfen und Sie, weil Sie die mitgebracht haben!"
Christina:	„Mir haben Jonas und Julie im Forschertreff geholfen, denn erst habe ich es nicht richtig verstanden, aber am Ende dann doch!"
Jakob:	„Mir hat das Blatt mit dem Trompetenbild geholfen, denn da konnte ich die Tasten mit Zahlen (1, 2, 3) beschriften."
Anna:	„Mir hat das Halten der Trompete am Anfang geholfen."

Auch die schriftlichen Rückmeldungen zeugten vom hohen Motivationscharakter der Aufgabe:

Helin:

☺ Sie war knifflig und schwierig
☹ Diesmal fand ich es nicht so toll, weil ich so viele Möglichkeiten ~~ait~~ hatte.
! Aber mir gefällt ~~Komn~~ Kombienieren.

Friedrich:

☺ Das wir mit Instrumente was machen
☹ Das es bischen schwirrig war.
! Das wir sollche sachen machen!
? Machen wir wieder so was

Das haben die Schüler entdeckt:

Die Schüler haben vielfältige Darstellungsformen gewählt. Die Tasten wurden mit Farben, Zahlen, Buchstaben oder Wiewörtern (hell, normal, dunkel klingend). Diese Aufgabe konnte nicht mit einer Rechnung gelöst werden, da es die Möglichkeiten „alle Tasten“ oder „keine Tasten“ ebenfalls gab.

Friedrich:

AB, AC, BC (3)

Manfred:

0 0 0   00 00   000 00
A B C   AB AC   ABC BC

Julie:

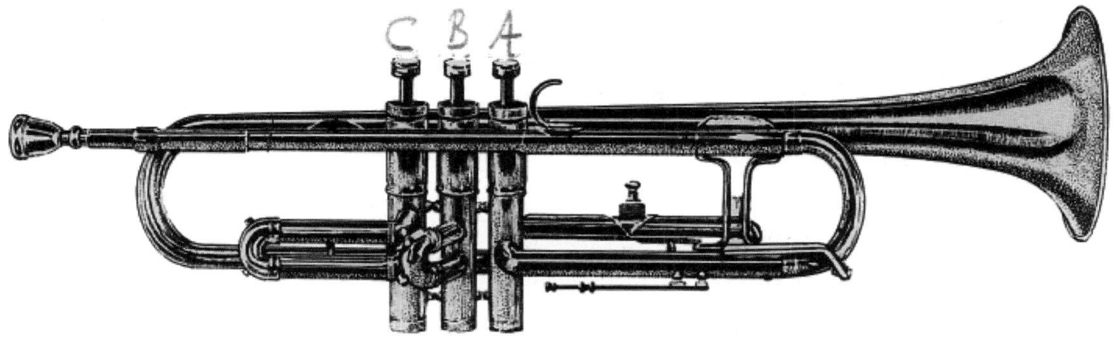

Löse die Aufgabe auf deinem Weg.

ABC, A, B, C, AB, AC, BC, (7)

Johannes:

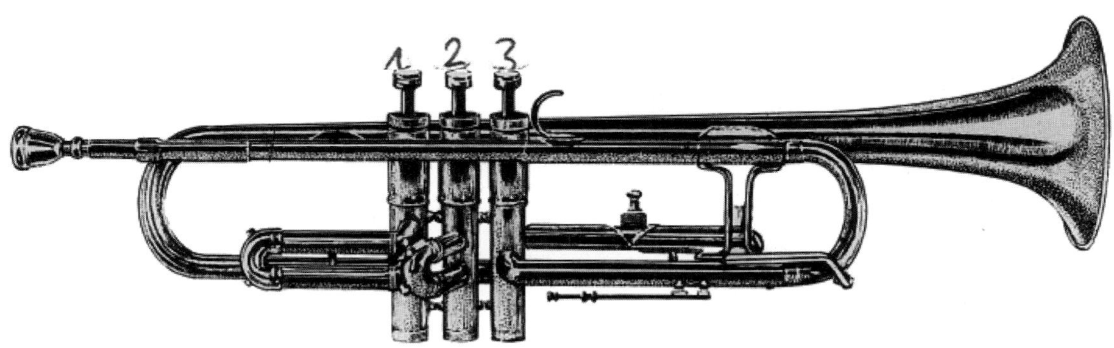

Löse die Aufgabe auf deinem Weg.

1-2-3, 1, 2, 3, 1-2, 1-3, 2-3

So kann es weitergehen:

Diese Stunde kann gut als Einstieg oder zu Beginn einer Unterrichtseinheit zum Themenbereich „Muster und Strukturen“ stehen. Durch die überschaubare Menge können die Schüler ihre Lösungswege überschaubar darstellen und sich auch gut darüber austauschen. Ähnliche Aufgabenstellungen können auch als „Knobelaufgabe der Woche“ angeboten werden. Parallel dazu bietet sich eine Unterrichtseinheit zum Thema „Instrumente“ im Musikunterricht an.

KV 40 Trompete Name:

Wie viele unterschiedliche Töne kann ein Trompeter mit diesen drei Ventilen spielen?

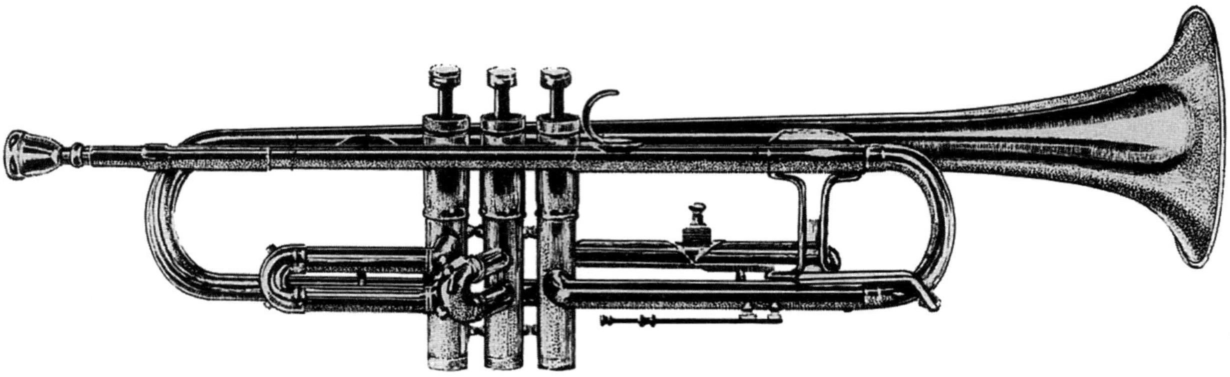

Löse die Aufgabe auf deinem Weg.

Zusatzaufgaben: Schreibe deine Gedanken auf die Rückseite.

a) Reichen diese Töne für ein Lied aus? Wie kann er noch mehr Töne bilden?

b) Wähle ein anderes Instrument aus: Gitarre, Blockflöte, Klavier, ... Wie viele Töne kannst du damit erzeugen?

„Jetzt weiß ich endlich den Unterschied zwischen Kilo und Gramm!" – Eine Ausstellung über Gewichte und Waagen planen

Inhaltsbezogene Kompetenzen: Größenvorstellungen besitzen; Mit Größen in Sachsituationen umgehen

Prozessbezogene Kompetenzen: Darstellen, Kommunizieren, Argumentieren

Dauer: 3 Unterrichtsstunden

Material: vorbereitende Hausaufgabe, verschiedene Waagen, verschiedene Gewichte

Darum geht es:
In dieser Unterrichtseinheit geht es hauptsächlich darum, die Größe Gewicht handelnd-entdeckend und möglichst lebensnah zu erforschen. Dazu bereiten die Schüler eigenständig eine Ausstellung für geladene Gäste über verschiedene Waagen und Gewichte vor. Jedes Lernteam muss dabei seine Station vorbereiten, ansprechend präsentieren und sachkundig während der Ausstellung betreuen.

Das steckt dahinter:

Die Schüler begegnen der Größe Gewicht in der 3. Jahrgangsstufe zum ersten Mal. Zunächst müssen eine Größenvorstellung und ein handlungsorientierter Zugang zu dieser Größe geschaffen werden. Dies geschieht durch die zunächst noch umgelenkte Entdeckung der Funktionsweise von verschiedenen Waagen und Gewichten. Die Schüler dürfen selbst Messgeräte zum Wiegen mitbringen. So wird sichergestellt, dass die Thematik sehr alltagsnah aufbereitet werden kann, außerdem können erste Erfahrungen mit dem Ablesen der verschiedenen Messergebnisse gesammelt werden. Dabei können die Lernenden ihr Vorwissen im Bereich der Maßeinheiten Gramm (g) und Kilogramm (kg) anwenden und im Austausch mit anderen gegebenenfalls korrigieren, aber auch Freude am Umgang mit den verschiedensten Waagen erfahren sowie über Messergebnisse staunen.

Der Größe Gewicht werden die Schüler in ihrem Leben in verschiedenen Lebensbereichen immer wieder begegnen, sei es im privaten oder im beruflichen Bereich. Bevor man mit den Maßeinheiten Gramm und Kilogramm rechnerisch umgeht, muss dazu aber ein sicheres Fundament durch „Begreifen" gelegt werden. Eine wichtige Rolle kommt hierbei dem Kennenlernen von Vergleichsgewichten sowie dem Schätzen von Gewichten zu. Erst danach ergibt es Sinn, die Größenangaben „mathematisch" zu betrachten und das Umwandeln in andere Einheiten sowie die Darstellung in Bruchzahlen zu erlernen. Nur mit einem solchen ganzheitlichen Vorgehen kann so der Grundstein für einen souveränen Umgang mit der Größe Gewicht im Umgang mit Sachsituationen und Textaufgaben gelegt werden.

Lernchancen:

- Größen vergleichen, messen und schätzen
- Repräsentanten für Standardeinheiten kennen, die im Alltag wichtig sind
- Standardeinheiten aus dem Bereich Gewichte kennen
- mit geeigneten Einheiten und unterschiedlichen Messgeräten sachgerecht messen
- eigene Vorgehensweisen beschreiben und gemeinsam darüber reflektieren
- mathematische Zusammenhänge erkennen und Vermutungen entwickeln
- Darstellungen miteinander vergleichen und bewerten

So kann man vorgehen:

Zunächst erhalten die Schüler die vorbereitenden Hausaufgabe: „Bringe etwas mit, womit man das Gewicht messen kann.“ In der Praxiserprobung war es wirklich erstaunlich, welche Arten von Waagen und Gewichten die Schüler mitgebracht haben: Von alten Babywaagen und sogar einer alten Apothekerwaage mit passenden Gewichtkoffer bis hin zu modernsten Digital-Küchenwaagen war alles dabei. So erhalten die Schüler einen ersten Überblick und müssen auch lernen, die Waagen korrekt zu benennen:

Briefwaage

Babywaage

Hakenwaage

Personenwaage

Auch kann beim Präsentieren im Sitzkreis gut der Unterschied zwischen der digitalen und der analogen Anzeige der Messergebnisse thematisiert werden. Die Sammlung der Waagen kann jederzeit durch den Lehrer ergänzt und vervollständigt werden, z. B. aus dem Lehrmittelraum.
Die Schüler dürfen an verschiedenen Stationen im Klassenzimmer die Waagen testen und ausprobieren. Dabei werden interessante Experimente durchgeführt und wirklich jedes Kind hat die Chance, aktiv mit den verschiedenen Waagen umzugehen, wie die Praxis gezeigt hat:

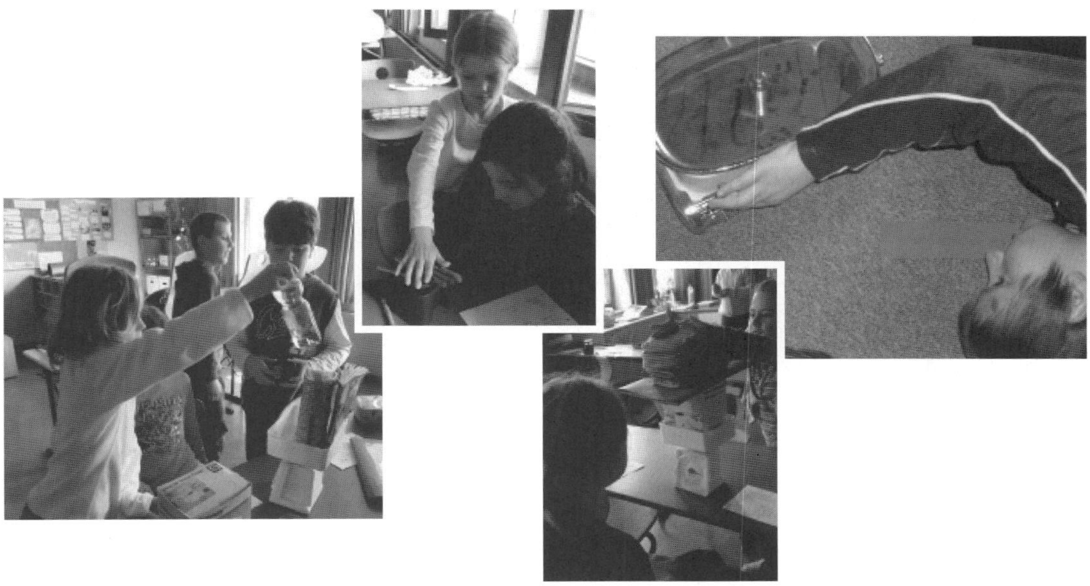

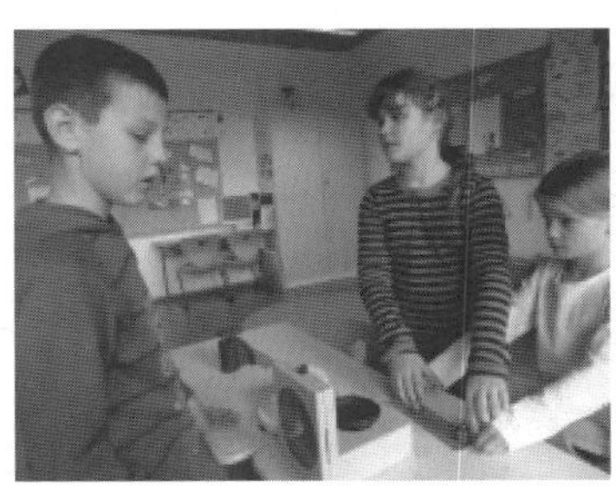

Jede Station wird dabei von einem Experten betreut, der auf den sachgemäßen Umgang mit der jeweiligen Waage achtet. Diese Experten sollten immer wieder ausgetauscht werden, um auch ihnen die Messerfahrungen an den anderen Waagen zu ermöglichen. Als Abschluss wird im Plenum (→ Kommunizieren im Plenum/ Präsentieren der Ergebnisse) über die Messerfahrungen diskutiert und die Verwendungszwecke und Messbereiche der einzelnen Waagen werden besprochen. So erkennen die Schüler schnell, dass eine Briefwaage in sehr kleinen Messschritten auch geringe Gewichtsunterschiede anzeigen muss, um die passende Briefmarke aufkleben zu können. Eine Personenwaage hingegen sollte bis zu 100 kg anzeigen können, um für die ganze Familie nutzbar zu sein.

In der Folgestunde werden nun die Waagen sortiert und passende Objekte für die Ausstellung ausgewählt. Dabei müssen die Kinder ausführlich argumentieren und abwägen, welche Waagen und vor allem welche Messgegenstände für die Präsentation geeignet sind. In der Praxiserprobung haben sich dabei Lernteams von drei bis vier Schülern gebildet, die gemeinsam ihre Station vorbereitet und aufgebaut haben. Die Lernteams müssen einen Arbeitsauftrag für ihre Station entwerfen, bei der die Besucher verschiedene Gewichte zunächst schätzen und dann genau messen müssen. Auch eine passende Beschriftung muss erstellt werden. Diese werden dann am Computer erstellt und von der Lehrkraft vervielfältigt.

Schätzen und messen

Gegenstand:	schätzen:	wiegen:
Fahrradhelm		
Holzfigur		
Radiergummi		
Kerze		
Fußball		
Apfel		
Tonigel		
Flöte		
Bleistift		
2 Semmel		
1 Flasche		

Name: ____________________
Von 11Punkten____erreicht.

Danach werden die Stationen getestet und von der Klasse selbst durchlaufen. Bei der abschließenden Reflexion im Plenum können noch Tipps und Anregungen ausgetauscht werden. So trainieren die Schüler vor allem in dieser Stunde auch übergreifende Kompetenzen wie Argumentieren, Präsentieren und Diskutieren.

Für die dritte Unterrichtsstunde dieser Einheit kann die Parallelklasse eingeladen werden, die dann in kleinen Gruppen die einzelnen Stationen durchläuft. In der Praxis fanden die schön gestalteten Stationen großen Anklang bei den Besuchern und diese begannen eifrig mit dem Messen und Schätzen. Die Experten leiten dabei die Besucher an und erklären die Funktionsweise der verschiedenen Waagen. Auch werten sie die Schätzergebnisse und die tatsächlichen Messergebnisse aus.

Das haben die Schüler entdeckt:

Die Ergebnisse der Schüler finden sich in der Verlaufsplanung. Man sieht den Kindern sehr deutlich ihre Freude, aber auch ihre Konzentration beim Umgehen mit den Messgeräten an. In der abschließenden Auswertung berichteten die Schüler von vielen neuen Lernerfahrungen und Erkenntnissen:

Marion:
„Ich hab gar nicht gewusst, dass es so viele verschiedene Waagen gibt."

Tommy:
„Ich fand es klasse, dass wir den anderen die Waagen erklären konnten."

Sara:
„Mir hat besonders die alte Babywaage gefallen. Es war ganz schön schwierig, die Balken richtig einzustellen."

Manuela:
„Ich habe zum ersten Mal eine Briefwaage gesehen. Mir hat das Wiegen total Spaß gemacht."

Jonathan:
„Jetzt weiß ich endlich den Unterschied zwischen Kilo und Gramm."

So kann es weitergehen:

Im weiteren Verlauf der Sequenz wird natürlich weiterhin gewogen, um dann diese Ergebnisse umwandeln zu können. Auch das Rechnen mit Maßzahlen wird geübt.

In der Praxiserprobung wurde abschließend von den Schülern gegenseitig ein Schulranzen-Check durchgeführt. Nachdem sie erfahren hatten, dass ein Kind maximal 10 % seines Körpergewichtes auf dem Rücken tragen sollte, wurden die Schultaschen gewogen und dem eigenen Gewicht gegenübergestellt. Die Schüler erkannten schnell, dass man die Messergebnisse auf folgende Weise einfach durch 10 teilen konnte:

: 10

Körpergewicht:	Dein Schulranzen sollte höchstens so schwer sein:

Beispiel: 32 kg	3 kg 200 g

Die Schüler stellten fest, dass ihre Schultaschen zum Teil viel zu schwer beladen waren. Auch erkannten sie, dass das Leergewicht des Schulranzens schon viel ausmacht. Anschließend wurde zu Hause die Schultasche nach überflüssigen Gegenständen durchforstet. In der Schule wurde das Planen der benötigten Materialien für die Hausaufgabe thematisiert, um den Schulranzen sinnvoll und durchdacht zu befüllen. Dabei entstanden folgende Tipps, die jede Klasse individuell formulieren kann:

Unsere Tipps:
So kannst du Gewicht sparen und deinen Rücken schonen:

- Jeden Abend die Schultasche packen: Was brauche ich wirklich?
- Müll und Erledigtes aussortieren!
- Die Schultasche ab und zu wiegen!
- In der Schule aufpassen: Welche Bücher und Hefte brauche ich für die Hausaufgabe wirklich?
- Spielzeug zu Hause lassen!

Bei dieser Aufgabe mussten die Schüler die erworbenen Erkenntnisse anwenden. Auch wurden sie durch die erworbenen Erkenntnisse dieser Sequenz dazu ermutig, andere Sachsituationen mit der Größe Gewicht eigenständig zu lösen.

„Wann messen wir weiter?“ – Einführung der Notation von Längenmaßen

Inhaltsbezogene Kompetenzen:	Größenvorstellungen besitzen, mit Größen in Sachsituationen umgehen
Prozessbezogene Kompetenzen:	Darstellen, Argumentieren, Modellieren, Kommunizieren
Dauer:	2 Unterrichtsstunden
Material:	vorbereitende Hausaufgabe, verschiedene Messgeräte, Arbeitsauftrag AA, Schreibfolien für den OHP in der Größe DIN A5, Folienstifte

Darum geht es:
Zu Beginn der Sequenz zu den Längenmaßen erhalten die Schüler den Auftrag, verschiedene Gegenstände im Klassenzimmer zu messen. Ihre Ergebnisse sollen auf Folie notiert werden. Durch die offene Aufgabenstellung müssen die Kinder gemeinsam mit ihrem Lernpartner entscheiden, welches Messgerät sie verwenden und in welcher Form sie ihre Ergebnisse notieren wollen. Abschließend werden die Messergebnisse und deren Notation im Plenum verglichen, um sich auf eine gemeinsame Form zu einigen.

Das steckt dahinter:

Durch die offene Aufgabenstellung „Messt diese drei Gegenstände im Klassenzimmer!“ werden die Schüler zunächst dazu angehalten, geeignete Messgeräte auszuwählen. So hat zum Beispiel Jana recht schnell eingesehen, dass das Messen der Klassenzimmertür mit ihrem kleinen Lineal zu umständlich und fehleranfällig ist.
Helena hingegen griff sich sofort den Meterstab, um diese größere Messstrecke gut bewältigen zu können. Durch die partnerschaftliche Arbeitsform konnte so jedes Kind erfahren, welches Messgerät für welche Gegenstände geeignet sein könnte.
Durch die Vorerfahrungen aus der vorherigen Jahrgangsstufe mussten die Schüler beim Notieren der Ergebnisse ihr Vorwissen aktivieren und gemeinsam eine Notationsform aushandeln. Schnell zeigte sich dabei beim Vergleich, welche Kinder die Größenangaben korrekt und nachvollziehbar aufgeschrieben haben. Zwar gibt es hier natürlich eine korrekte, allgemeingültige Darstellungsform, durch das gemeinsame Aushandeln aber wird diese den Kindern nicht einfach „übergestülpt“. Vielmehr haben sie die Chance, die Wichtigkeit einer gemeinsamen Notationsform einzusehen und diese beim Arbeiten an Sachsituationen sowie im Alltag anzuwenden.

Lernchancen:

- Standardeinheiten aus dem Bereich Längen kennen
- Längenmaße vergleichen, messen und schätzen und dabei mathematische Fachbegriffe und Zeichen sachgerecht verwenden
- Größenangaben in unterschiedlichen Schreibweisen darstellen und gegebenfalls umwandeln sowie diese Darstellungen miteinander vergleichen und bewerten
- mit geeigneten Einheiten und unterschiedlichen Messgeräten sachgerecht messen

- eigene Vorgehensweisen beschreiben, Lösungswege anderer verstehen und gemeinsam darüber reflektieren
- Sachprobleme in die Sprache der Mathematik übersetzen
- für das Bearbeiten mathematischer Probleme geeignete Darstellungen entwickeln, auswählen und nutzen

So kann man vorgehen:

Die Schüler erhalten eine vorbereitende Hausaufgabe (→ Vorbereitende Hausaufgabe): „Was kann man alles messen?" Diese soll ihnen zunächst eine grobe Einteilung vermitteln, welche Maßeinheiten es gibt und welche Messinstrumente in unserem Alltag vorkommen. Von den Kindern wurden in der Praxis verschiedenste Gegenstände mitgebracht und bei der gemeinsamen Besprechung konnten verschiedenste Maßeinheiten kurz angesprochen werden. Sogar ein Blutdruckmessgerät wurde mitgebracht, mit dem man die Pulsfrequenz messen kann.

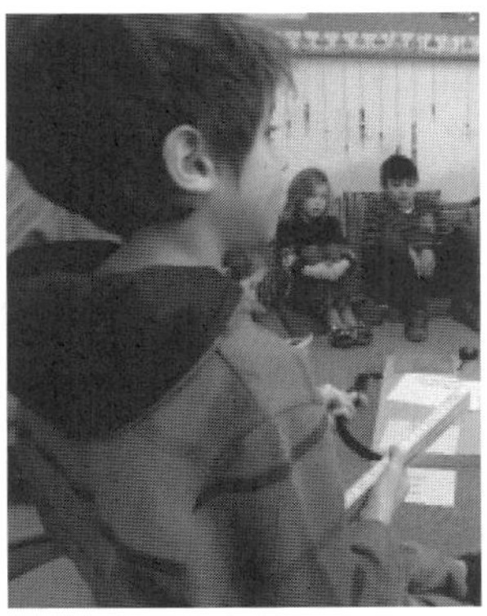

Marcel zeigt eine Uhr, mit der man Zeitpunkte und Zeitspannen messen kann, sowie einen Meterstab

Helena zeigt ein Thermometer, mit dem man Temperaturen messen kann.

Die Schüler zeigten großes Interesse an den Messgeräten und ihrer Handhabung im Alltag. So konnte nach einem großen Überblick das Augenmerk auf die Längenmaße und die dazugehörigen Messgeräte gelenkt werden.
Dabei wurde der richtige Einsatz der verschiedenen Messgeräte erprobt und veranschaulicht.

Jessica erklärt das Messen mit dem Maßband.

Da jedes Kind ein solches Messgerät, nämlich das Lineal im Schulranzen hatte, konnte sofort der Arbeitsauftrag ausgeführt werden:

Messt diese drei Gegenstände im Klassenzimmer: o Lehrerpult o mittlere Wandtafel o Klassenzimmertür Schreibt Eure Ergebnisse auf die Folie.

Diesen bearbeiten die Schüler jeweils zu zweit. Die Anzahl und Art der Gegenstände kann natürlich vom Lehrer variiert werden. Für schnelle Schüler kann noch die Zusatzaufgabe „Wie lang und breit ist unser Klassenzimmer?" zur Verfügung gestellt werden.

In der Praxiserprobung machten sich die Schüler eifrig ans Werk und benutzten verschiedenste Messgeräte, die durch die vorbereitende Hausaufgabe zur Verfügung standen. Schon beim Notieren der Ergebnisse entstanden angeregte Diskussionen über geeignete Schreibweisen und die Kinder bemerkten schnell, dass Mess-Ungenauigkeiten auftreten können, wenn man unterschiedliche Messgeräte verwendet. In der Folgestunde werden die Ergebnisse von den einzelnen Lerngruppen vorgestellt. Engagiert verglichen die Schüler in der Praxiserprobung ihre Ergebnisse mit den gezeigten und gaben Tipps, wie das ein oder andere Messergebnis korrekter dargestellt werden kann. Auch wurde darüber diskutiert, dass man genau wissen muss, was man messen sollte: Ist die Breite der Tür mit Rahmen oder ohne Rahmen gemeint? Anschließend bekamen die Kinder ausgewählte Ergebnisse, um einzeln nochmals ihr Wissen überprüfen zu können. Sie sollten verschiedene Notationen aus der Partnerarbeit schriftlich bewerten und gegebenenfalls verbessern. Konzentriert wurden in der Praxis die Zahlen und Maßeinheiten auf ihre Plausibilität und Anwendbarkeit überprüft. Dabei wurde sichtbar, welche Schüler die richtige Notationsform bereits verinnerlicht haben und welche Schüler noch Hilfestellung benötigten.

Das haben die Schüler entdeckt:

Viele Ergebnisse wurden bereits korrekt dargestellt, bei anderen musste man genauer hinsehen. In der Einzelarbeit und bei der Präsentation konnten viele Ungereimtheiten aufgeklärt und verbessert werden. Am Ende gelang es, sich auf die allgemeingültige Notationsform einigen und diese auch bei den Folgestunden anwenden.

Schülerbeispiel 1:
Ricardo und Mehmet haben bei einer Größenangabe bereits die richtige Form verwendet. So konnte im Plenum schnell der Fehler entdeckt und genutzt werden.

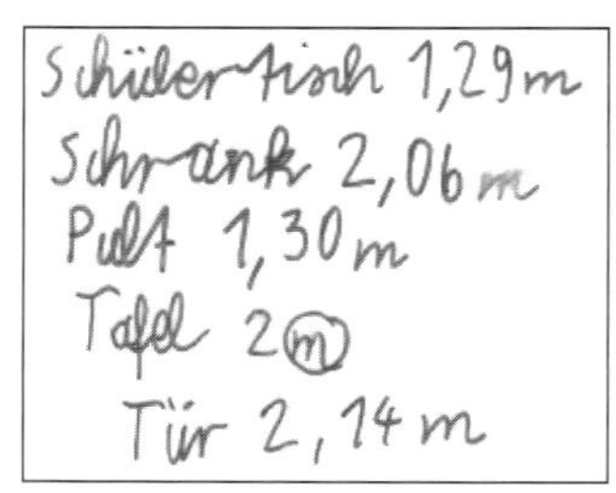
Schülertisch 1,29m
Schrank 2,06m
Pult 1,30m
Tafel 2m
Tür 2,14m

Schülerbeispiel 2:
Bei den Ergebnissen der beiden Mädchen Anna und Julie konnte man gut die Wichtigkeit des Kommas besprechen. Auch sie erhielten viel Lob für bereits richtig notierte Angaben. Bemerkenswert ist, dass die beiden schon den Unterschied zwischen Länge und Breite von rechteckigen Flächen erkannt und beachtet haben.

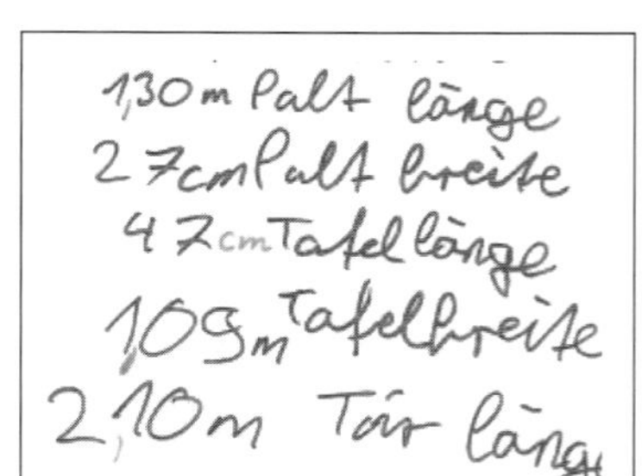
1,30m Palt länge
27cm Palt breite
47cm Tafel länge
109m Tafelbreite
2,10m Tür länge

Schülerbeispiel 3:
Hier konnte besonders eindrucksvoll die Wichtigkeit der „0“ an der Zehnerstelle diskutiert werden.

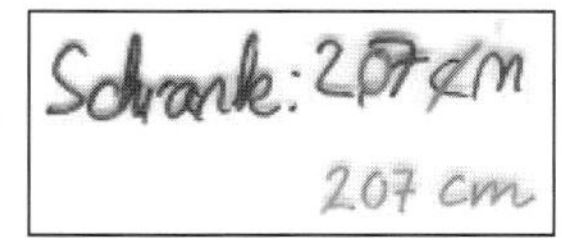

Schülerbeispiel 4:
Das enorme Netz an Vorwissen wird bei diesem Schülerergebnis deutlich. Die beiden Jungen kannten bereits die Einheit Dezimeter, konnten sie aber in diesem Moment noch nicht sachgerecht einsetzen.

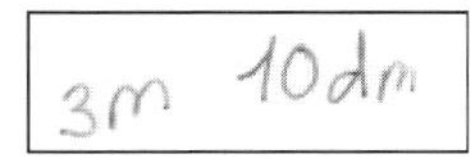

Schülerbeispiel 5:
Andere Kinder hingegen gingen noch sehr unstrukturiert mit den erworbenen Kenntnissen aus der vorhergehende Jahrgangsstufe um. Für diese stellt das gemeinsame Besprechen und Korrigieren im Plenum eine wichtige Lernerfahrung dar, nicht immer muss der Lehrer als „Verbesserer“ oder „Besserwisser“ auftreten.

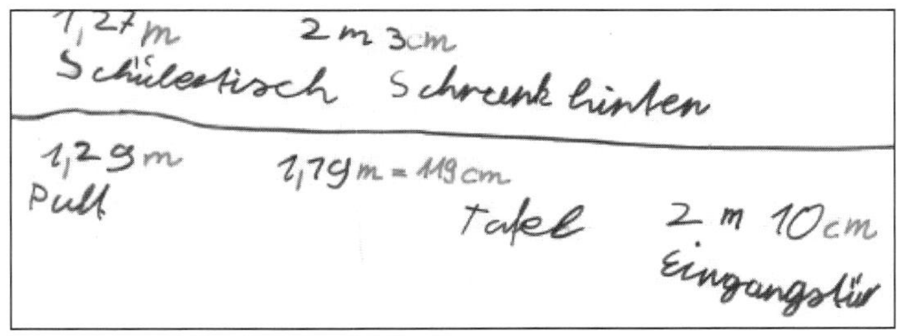

Natürlich gibt es auch zahlreiche Beispiele, bei denen die Lernpartner bereits richtige Notationsformen angewendet haben. Es empfiehlt sich, diese in einem Museumsgang (→ Museumsgang) zu würdigen, da nicht genug Zeit und Aufmerksamkeit vorhanden sind, um auch diese ausführlich zu besprechen. Effektiver lernt man an den „guten Fehlern“ der oben genannten Beispiele. In jeder Klasse werden sich durch die Auswahl „besprechenswerter“ Fehler andere Schwerpunkte und Akzente ergeben.

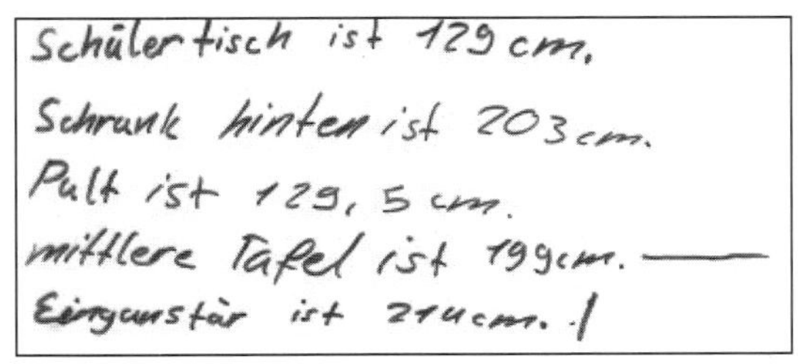

So kann es weitergehen:

Im weiteren Verlauf der Sequenz wird natürlich weiter gemessen und notiert. Auch das Rechnen mit Größen wird an verschiedenen Sachsituationen erprobt.
Ein wichtiger Bestandteil muss unbedingt die Einführung von Vergleichsgrößen sein, sodass die Schüler auch ohne Messgeräte dazu in der Lage sind, Strecken und Längen realistisch zu schätzen. Das können zum Beispiel Körpermaße wie Schrittlänge, Fingerspanne oder Fußlänge sein. Ebenfalls können konkrete Gegenstände wie ein DIN-A4-Heft mit der Länge von ungefähr 30 cm oder ein Stift mit der Länge 15 cm sein. Analog zu diesem Vorgehen kann natürlich ebenso die Notation von Geldbeträgen, Hohlmaßen oder Gewichten eingeführt werden. Die Kinder haben jedenfalls bei diesem Vorgehen Freude und Motivation am Umgehen mit der Notation von Messergebnissen erfahren, was abschließender Kommentar einer Schülergruppe zeigt:

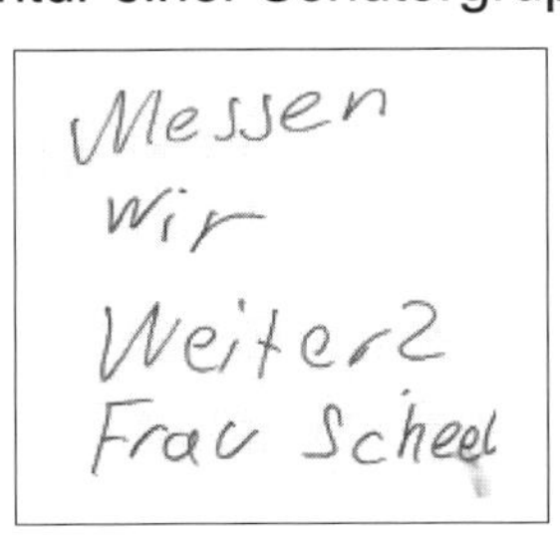

„Das muss ich jetzt eigentlich erst einmal wissen!" – Fermi-Aufgaben lösen

Inhaltsbezogene Kompetenzen: Mit Größen in Sachsituationen umgehen; Daten erfassen und darstellen (aus dem Bereich „Daten, Häufigkeit und Wahrscheinlichkeit")

Prozessbezogene Kompetenzen: Modellieren, Problemlösen, Darstellen, Kommunizieren, Argumentieren

Dauer: 1–4 Unterrichtsstunden

Material: Arbeitsaufträge KV 41 „Seilspringen" und KV 42 „Zahnpastawurst" als Karteikarten, „Gruppenauftrag" (KV 43) als Karteikarte, „Museumsgang" (KV 44), für die Aufgabe „Seilspringen" Stoppuhren/Seile/Plakate, für die Aufgabe „Zahnpastawurst" Maßbänder/Zahnpastatuben/unterschiedliche Zahnbürsten/evtl. Infotexte 1 + 2 (KV 45/46)

Darum geht es:
Die Schüler sollen in dieser Unterrichtseinheit gemeinsam zu einem plausiblen Ergebnis für eine Fermi-Aufgabe kommen und dieses übersichtlich und verständlich darstellen. Dafür entwickeln sie in Einzel-, Partner- und Gruppenarbeit Lösungsideen für die jeweilige Aufgabe und versuchen, diese anzuwenden. In einem zweiten Schritt werden interessante Wege in einer Rechenkonferenz intensiver betrachtet, verglichen und bewertet.

Das steckt dahinter:

Fermi-Aufgaben tragen ihren Namen zu Ehren des italienischen Physikers Enrico Fermi (1901–1954) der dafür bekannt war, dass er seinen Studenten oft sehr offene Fragen stellte, welche zunächst nicht so einfach zu beantworten schienen. Bei Fermi-Aufgaben handelt es sich auf den ersten Blick um unlösbare Probleme, auf die man sich erst einmal einlassen muss, um zu einer Lösung zu kommen. Häufig wird mit großen Zahlen und dem Umrechnen von Größen gearbeitet. Manchmal fehlen Angaben jedoch ganz und müssen geschätzt, vermutet, gemessen, überschlagen oder nachgeschlagen werden. Es gibt keine feststehenden Lösungswege und erst recht kein richtig oder falsch. Der Lösungsprozess hat eine größere Bedeutung als das Resultat. Die gefundenen Lösungen müssen gut dargestellt, begründet und Wege dorthin erklärt werden. Auch die Ergebnisse müssen am Ende überprüft, verglichen und bewertet werden.

Die Arbeit mit Fermi-Aufgaben regt im hohen Maße die Förderung aller allgemeinen prozessbezogenen Kompetenzen an. Im Vordergrund steht dabei das Modellieren, denn die Kinder müssen beim Lösen solcher Aufgaben das Sachproblem in eine mathematische Sprache übersetzen, es lösen und das Ergebnis dann wieder auf die Sachsituation beziehen und auf Plausibilität prüfen.

Im Folgenden werden zwei Fermi-Aufgaben und deren Bearbeitung vorgestellt. Bei beiden Aufgaben bekommen die Kinder durch die Eingangsfrage „Kann das stimmen?" immer auch Vergleichswerte, die sie überprüfen müssen. Diese vorgegebenen Werte ermöglichen, dass man beim Lösen der Aufgaben auch von ihnen rückwärts arbeiten kann. Zudem sind die Zahlen als Ausgangswert sehr motivierend und liefern erste Anhaltspunkte über Größenordnungen.

KV 41 Seilspringen Name:

Kann das stimmen?

Ein guter Seilspringer schafft mehr als 1 000 Sprünge in fünf Minuten!

Was musst du wissen, um diese Aufgabe zu lösen?

Schreibe deine Fragen und Ideen auf.

Bei dieser Aufgabe kann man durch Zurückrechnen eigentlich sofort sagen, dass diese Aussage nicht möglich ist. 1000 : 5 = 200; das bedeutet, es wären 200 Sprünge in der Minute und somit mehr als 3 Sprünge pro Sekunde zu schaffen. Das schafft kein Grundschulkind.

KV 42 Zahnpastawurst Name:

Kann das stimmen?

In einer Woche verbraucht deine Klasse eine „Zahnpastawurst“, die länger ist, als die Breite ihres Klassenzimmers.

Was musst du wissen, um diese Aufgabe zu lösen?

Schreibe deine Fragen und Ideen auf.

Ob diese Aufgabe stimmt, hängt sowohl von der Größe der Klasse, als auch von der Länge des Klassenzimmers ab. Wenn man annimmt, dass ein Kind bei 2-mal Zähneputzen am Tag ca. 4 cm und in der Woche somit 28 cm Zahnpasta verbraucht, verbrauchen 25 Kinder in der Woche 700 cm Zahnpasta. Allerdings müsste auch bedacht werden, dass manche Kinder vielleicht 3-mal am Tag Zähne putzen oder größere/kleinere Zahnbürsten haben.

So kann man vorgehen:

Die Bearbeitung von Fermi-Aufgaben in Gruppen ruft eine Vielzahl von Aktionen bei den Schülern hervor. Es müssen Messungen angestellt, Informationen nachgelesen, Experten interviewt und Suchen im Internet gestartet werden. Es wird diskutiert, widersprochen und abgestimmt. Dieser Aktionismus kann für den Lehrer, der diese Suchprozesse begleitet (und dies ja oft nicht nur bei einer sondern bei bis zu zehn Gruppen tut), sehr anstrengend werden. Im Folgenden soll eine Möglichkeit der Durchführung aufgezeigt werden, bei der der Lehrer immer wieder Plateaus fürs gemeinsame Lernen schafft, die die Gruppenarbeit bereichern und ihn entlasten können.

Es hat sich bewährt, Fermi-Aufgaben einzusetzen, wenn ein bestimmtes Thema gerade Teil des Unterrichts ist. Vor der „Seilspringen“-Aufgabe wurde beispielweise „Ropeskipping“ im Sportunterricht eingeführt, vor der „Zahnpastawurst“-Aufgabe ging es im Sachunterricht und in Deutsch ums richtige Zähneputzen und Informationen rund um Zähne, Zahnbürsten und Zahnpasta (hierfür können die Infotexte KV 45 und 46 verwendet werden). Um der Faszination einer Zahnpastatube gerecht zu werden, sollten die Kinder vor der Aufgabenstellung erfahren können, wie lang eine Zahnpastawurst ist, wenn man eine ganze Tube ausdrückt!

Am Anfang der Arbeit mit der Fermi-Aufgabe steht die Präsentation der Aufgabe.

Bei der ersten Präsentation werden erste Begrifflichkeiten des Aufgabentextes geklärt; außerdem können die Schüler erste Vermutungen abgeben.

Dann setzen sie sich in Einzelarbeit (KV 41 und KV 42) selbstständig mit dem Problem auseinander und notieren erste Gedanken, Fragen und Lösungsideen.

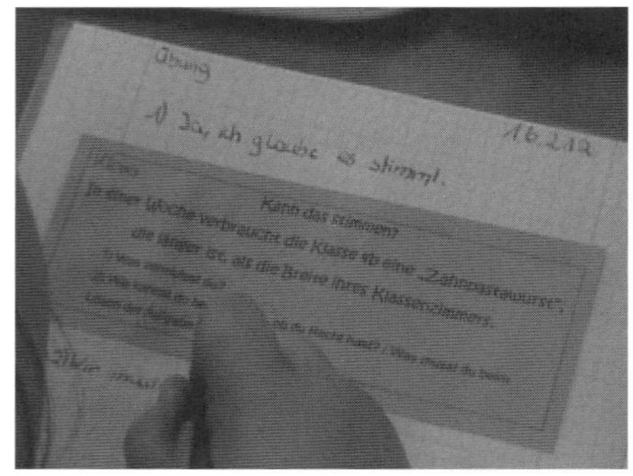

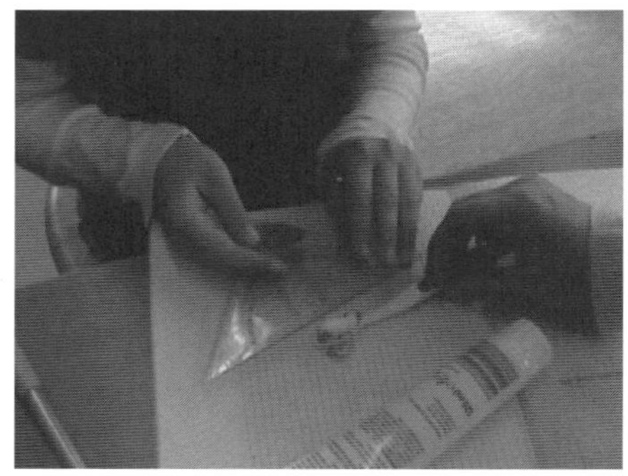

Mit diesen Ideen trifft man sich dann zum Klassengespräch, bei dem man die wichtigsten Gedanken zusammenträgt und an die Tafel schreibt. So haben auch schwächere Kinder die Möglichkeit, sich in der Gruppe einzubringen, und abwegige Lösungsideen werden im Vorhinein geklärt.

Nach dieser Gedankensammlung beginnt die Gruppenarbeit und die Schüler machen sich an die Lösung des Problems. Ein wichtiger Arbeitsauftrag für die Gruppe (KV 43) sollte neben dem Lösen der Aufgabe das übersichtliche Darstellen ihres Weges sein. Ritualisiertes Arbeiten ist besonders beim Umgang mit Fermi-Aufgaben wichtig. Denn wenn die Kinder wissen, dass im Anschluss an ihre Gruppenarbeit immer ein Museumsgang (→ Museumsgang) oder ein Vergleich der Wege im Plenum (→ Kommunizieren im Plenum/Präsentieren der Ergebnisse) stattfindet, werden sie sich auch mehr darum bemühen, ihre Wege für andere verständlich aufzuschreiben. Der Lehrer begleitet die Suchprozesse der Gruppen, wenn er sieht, dass sie ins Stocken geraten (→ Begleiten und Unterstützen der Lernprozesse). Dabei gibt er aber keine inhaltlichen Lösungshilfen, sondern unterstützt ihre Suche, indem er z. B. Hilfsmittel vorschlägt oder formale Fragen stellt (Warum habt ihr das gemacht? Was habt ihr damit herausgefunden? Fehlen euch noch Informationen? Was sagt ihr jetzt zur Behauptung?). Wichtig ist, dass er die Gruppen auch immer wieder an zeitliche Vorgaben erinnert. Für die beiden oben vorgestellten Aufgaben haben die Schüler in der Praxiserprobung in der Gruppe 30 bis 45 Minuten Bearbeitungszeit benötigt.

Nach so einer langen Bearbeitungsphase sollte die Weiterarbeit mit den Ergebnissen erst in der folgenden Stunde stattfinden. Ein Museumsgang (→ Museumsgang) eignet sich gut dafür, die Arbeitsergebnisse (Gruppenplakate) zu vergleichen (KV 44). Wenn man sich einzelne Lösungswege genauer anschauen will, kann man das in einer Rechenkonferenz (→ Forschertreffs/Rechenkonferenzen) tun, bei der der Lehrer drei bis vier Wege auswählt, die verglichen und diskutiert werden. Gute Fragen, mit denen der Lehrer die Diskussion um die Lösung der Fermi-Aufgabe antreiben könnte, wären:

- Es gibt verschiedene Ergebnisse. Können die Überlegungen aller Gruppen richtig sein?
- Gibt es eigentlich das richtige Ergebnis?
- Welche Gruppe hat geschickt gearbeitet?
- Welche Arbeit war aufwendig/mühsam?
- Warum ist dieser Weg falsch? Findest du den Fehler?
- Welcher Lösungsweg ist am besten aufgeschrieben worden? Warum?

Das haben die Schüler entdeckt:

Lösungsideen der „Seilsprung-Aufgabe“:

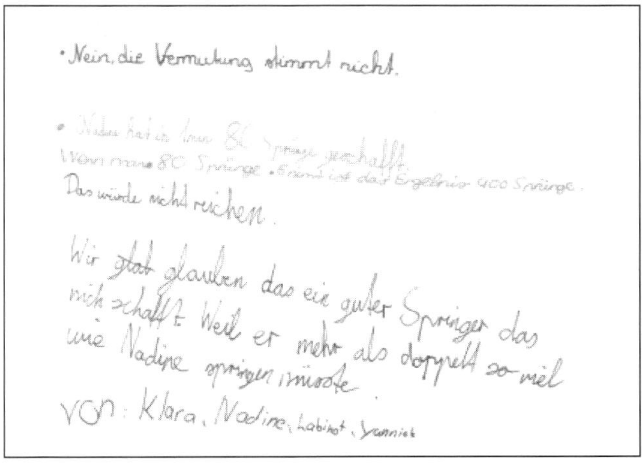
• Nein, die Vermutung stimmt nicht.
• Nadine hat in 1 min 80 Sprünge geschafft.
Wenn man 80 Sprünge ... ist das Ergebnis 400 Sprünge.
Das würde nicht reichen.
Wir glauben das ein guter Springer das nicht schafft. Weil er mehr als doppelt so viel wie Nadine springen müsste.
Von: Klara, Nadine, Labinot, Yannick

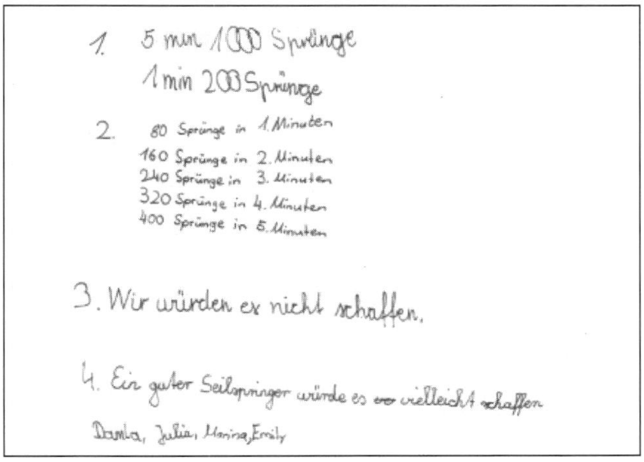
1. 5 min 1000 Sprünge
1 min 200 Sprünge
2. 80 Sprünge in 1. Minuten
160 Sprünge in 2. Minuten
240 Sprünge in 3. Minuten
320 Sprünge in 4. Minuten
400 Sprünge in 5. Minuten
3. Wir würden es nicht schaffen.
4. Ein guter Seilspringer würde es vielleicht schaffen
Damla, Julia, Marina, Emily

Die Kinder der ersten Gruppe ermittelten durch eigene Sprungversuche ihre beste Springerin und nutzten sie als Beispielgröße. Mit den 80 Sprüngen von Nadine kamen sie nur auf 400 Sprünge in fünf Minuten und nahmen vorsichtig, aber bestimmt an, dass auch ein guter Seilspringer wohl kaum doppelt so schnell springen kann wie sie. Nadine bemerkte bei der Besprechung auch, dass sie nach der einen Minute schon ziemlich erschöpft war und fünf Minuten in diesem Tempo wohl kaum durchgehalten hätte.
Die Kinder der zweiten Gruppe rechneten in einem ersten Schritt rückwärts und stellten fest, dass 1000 Sprünge in fünf Minuten 200 Sprünge in einer Minute bedeuten würden. Dann probierten auch sie aus und ihr bester Springer kam auch auf das Ergebnis von 80 Sprüngen pro Minute, das sie dann in kleinen Schritten auf die fünf Minuten hochrechneten. Auch sie sahen für sich selbst keine Chance, trauten einem Profi allerdings zu, die 1 000 Sprünge pro Minute zu schaffen.

Wie viele Faktoren beim Lösen der „Zahnpasta-Aufgabe“ eine Rolle spielen könnten, zeigt dieser Ausschnitt aus einem Gruppengespräch:

Nadine:
Ich vermute, es stimmt, aber es kommt darauf an, wie oft man am Tag Zähne putzt. Manche putzen morgens, mittags, abends und ich putze nur morgens und abends. (...) Man muss auch wissen, ob die Lehrerin mitmacht und wie viel Zahnpasta jedes Kind am Tag benutzt. Denn manche tun nur so nen kleinen Bobbel drauf und manche tun eher was Längeres drauf. Und man muss wissen, ob sie einen guten Geschmack hat, denn wenn man zum Beispiel weiß, dass es ein ekliger, scharfer Geschmack ist, dann nimmt man ja vielleicht auch nicht so viel wie als wär's ein ganz leckerer Erdbeergeschmack.

Sarah:
Also ich vermute auch, dass es geht, aber ich bin mir nicht sicher. Ich muss erst mal wissen, wie breit das Klassenzimmer ist und wie viele Meter, oder Zentimeter, also wie lang die Zahnpastawurst ist. Das muss ich eigentlich jetzt erst einmal wissen und dann kann ich erst sagen, ob's stimmt oder nicht stimmt.

Yannick:
Also ich glaub auch, dass es stimmt. Also zuerst müsste ich wissen, wie breit das Klassenzimmer ist, und da bräucht ich vielleicht auch ein Längenmaß dazu, damit ich abmessen kann, wie groß das Klassenzimmer ist und wie groß die Zahnpastawurst ist.

Julian:
Also man muss doch einfach nur verbrauchen, dann stimmt's. Dann muss man halt ganz viel verbrauchen, da nimmt man einfach so ne Wurst am Tag. (zeigt mit seinen Fingern)

Nadine:
Ja klar, dann geht das schon, aber wenn man nicht weiß, dass das die Aufgabe ist, dann benutzt kein Kind so viel Zahnpasta am Tag.

Sarah:
Ja und ich hab zum Beispiel eine elektrische Zahnbürste und die Borsten sind rund und da kann ich dann auch nicht so nen Streifen drauf machen, da muss ich nen Punkt drauf machen.

Yannick:
Das hab ich auch und ich hab jetzt auch ungefähr vermutet, dass ungefähr jeder aus der Klasse ungefähr 4 cm am Tag verbraucht, oder 4 mm... (Yannick überlegt)

Sarah:
Nein, das ist doch viel zu wenig!

Nadine:
Aber 4 cm das ist doch ganz schön viel. (holt ihr Lineal aus dem Mäppchen)

Yannick:
Und dann hab ich ausgerechnet 4 mal 7, weil es ist ja in einer Woche, das sind dann 28 ...

So kann es weitergehen:

Damit die Arbeit mit Fermi-Aufgaben gut funktionieren kann, müssen Abläufe und Rituale schrittweise eingeführt und regelmäßig wiederholt werden.
Möglich sind zahlreiche weitere solcher Aufgaben. Man kann diese oft sogar gut an die Situation vor Ort anpassen, z. B.: Wenn alle Kinder unserer Schule eine Menschenkette bilden, reichen sie einmal um unseren Pausenhof.

KV 41 Seilspringen Name:

Kann das stimmen?

Ein guter Seilspringer schafft mehr als 1 000 Sprünge in fünf Minuten!

Was musst du wissen, um diese Aufgabe zu lösen?

Schreibe deine Fragen und Ideen auf.

KV 42 Zahnpastawurst Name:

Kann das stimmen?

In einer Woche verbraucht deine Klasse eine „Zahnpastawurst", die länger ist, als die Breite ihres Klassenzimmers.

Was musst du wissen, um diese Aufgabe zu lösen?

Schreibe deine Fragen und Ideen auf.

KV 43 Gruppenauftrag Name:

In der Gruppe:

a) Findet zusammen eine gute Lösung.

b) Stellt euren Lösungsweg für die anderen Gruppen übersichtlich auf einem Plakat dar.

KV 44 **Museumsgang** Name:

Lob für euch:

Tipps für euch:

Fragen, die wir an euch haben:

Geschichte der Zahnbürste

Ein langer Weg

Wo und wann die Zahnbürste zum ersten Mal auftauchte, ist wie so vieles ein Rätsel; klar ist nur, dass das schon vor langer Zeit geschah.
Die Ersten, die die Zahnpflege für sich entdeckten, waren die alten Ägypter. In ihren ungefähr 5.000 Jahre alten Gräbern wurden bei archäologischen Ausgrabungen die ersten Formen der Zahnbürste gefunden. Es handelte sich dabei um einen kleinen Stock zum Kauen.
Ein paar hundert Jahre später wird im 4. Jahrhundert in Indien die nächste Zahnbürste erstmals schriftlich erwähnt. Faserig gekaute Zweige, die zusammen mit einem Mix aus Honig, Gewürzen und Öl verwendet wurden, dienten zur Zahnreinigung.
Zur etwa gleichen Zeit (570–632) sorgte der Prophet Mohammed im arabischen Raum für die Verbreitung der Zahnpflege. Aus Wurzeln schnitzte er kleine Holzstäbe und befreite mit ihnen die Zähne von Speiseresten.
So wie wir die Zahnbürste heute kennen, tauchte sie zum ersten Mal um 1500 auf. Allerdings war sie da noch pinselförmig und bestand aus Schweineborsten. Als sie ihren Weg nach Europa fand, wurde sie dort allerdings als zu hart empfunden und durch weiches Pferdehaar ersetzt.

Privileg Zahnpflege

Die aufwendige Produktion in Handarbeit ließ das Zähneputzen mit einer solchen Bürste zum Privileg für die Adeligen und Wohlhabenden werden. 1780 gründete der Engländer William Addis eine Firma, die Zahnbürsten professionell aus Kuhknochen und -borsten herstellte.
In deutschen Ländern beginnt der Einzug der Zahnbürste Ende des 18. Jahrhunderts, nachdem ein Münchener Geschäftsmann die Genehmigung zur Bürstenherstellung aus Knochen sowie Ziegen- und Pferdehaar erhält. Doch trotz der industrialisierten Herstellung bleibt die Zahnbürste für die ärmere Bevölkerung unerschwinglich.

Die moderne Zahnbürste

Erst nach 1938, nach der Erfindung des Nylons durch Wallace Hume Carothers, wurde die Massenherstellung möglich und die Zahnbürste ein Gut für Jedermann; um 1950 wurden dann die ersten Zahnbürsten entwickelt, wie wir sie heute kennen.
Unsere Zahnbürste hat also ihren 100. Geburtstag noch vor sich.

KV 46 Infotext Name:

Geschichte der Zahnpasta

Der tägliche Griff zur Zahnpastatube ist für uns alle selbstverständlich. Doch die Paste in der Tube gibt es erst seit dem Ende des 19. Jahrhunderts. Ihre Zusammensetzung entwickelte sich von Zimt und Honig über Wein bis zu den heutigen, gesetzlich geschützten Rezepturen.

Die ersten Pulver und Pasten

Schon auf babylonischen Tontafeln wird von verschiedenen Pulvern und Pasten berichtet, die mit den Fingern auf die Zähne aufgetragen wurden. Die Damen der römischen Gesellschaft bestreuten Leinentücher mit Bimsstein und Marmorstaub, um ihre Zähne zu reinigen. Pasten aus Salz, Sesamöl, Ingwer, Zimt, Muskatnuss und Honig sollten in der altindischen Medizin die Zähne gesund halten. In Frankreich empfahl der Kanzler der medizinischen Fakultät von Montpellier Wein als Zahnreinigungsmittel.

Die Entdeckung der Plaque

Lange Zeit glaubte man an einen Zahnwurm, der die Zähne von innen her zerfrisst. Doch 1890 konnte eine andere Ursache für Zahnerkrankungen wissenschaftlich nachgewiesen werden: Plaque. Sie verursacht die gefürchtete Karies. Mit diesem Wissen wurde die Bedeutung der Pulver und Pasten für die Zahnpflege immer größer.

Von der Zahnpulverdose zur Stanniol-Tube

Zu dieser Zeit wurde die Zahnpasta noch in Töpfen aufbewahrt, entweder aus Porzellan oder aus Silber. Die späteren Steingut-Gefäße hatten reich verzierte Deckel, oft mit wunderschönen Darstellungen. Ende des 19. Jahrhunderts wurde das Vorbild der heutigen Zahnpastatube geboren: die Stanniol-Tube aus Zinn.

Die Zahnpasta heute

Aus der Stanniol-Tube entwickelte sich um 1950 die heute weit verbreitete Kunststofftube. Seit diesem Zeitraum enthalten Zahncremes auch Fluoride und heute gibt es kaum noch Pasten ohne diesen wichtigen Wirkstoff, der uns hilft, Karies zu bekämpfen. Inzwischen gibt es in Deutschland mehr als 150 Zahnpastamarken.

„Weil Würfeln ist nur Glück!“ – Dem Zufall durch Würfelexperimente auf die Spur kommen

Inhaltsbezogene Kompetenzen: Wahrscheinlichkeit von Ereignissen in Zufallsexperimenten vergleichen

Prozessbezogene Kompetenzen: Problemlösen, Darstellen, Kommunizieren, Argumentieren

Dauer: 4–5 Unterrichtsstunden

Material: Arbeitsblätter „Sicher – Möglich – Unmöglich?“ (KV 47–49), Arbeitsblatt „Mensch-ärgere-dich-nicht“ (KV 50), Würfel, Arbeitsblatt „Würfeln mit einem Würfel“ (KV 51), Arbeitsblatt „Gipfelstürmerspiel“ (KV 52), Arbeitsblatt „Würfeln mit zwei Würfeln“ (KV 53)

Darum geht es:
Indem sich die Schüler mit dem sicheren, möglichen und unmöglichen Eintreten von Ereignissen auseinandersetzen, werden diese Begriffe als Einstieg in diese Sequenz geschärft und der Begriff „Zufall“ wird bewusst gemacht. Im Mittelpunkt stehen dann Experimente mit dem Würfel. Die dabei gemachten Erfahrungen werden systematisch reflektiert. Durch das Zusammentragen von Ergebnissen und das Sprechen über Auffälligkeiten sollen die Schüler tragfähige Vorstellungen vom Wirken des Zufalls aufbauen und ihre intuitiven Erfahrungen überdenken.

Das steckt dahinter:

Jeder Mensch hat seine eigenen, von Erfahrungen geprägten Bilder, Meinungen und Verständnisse vom Zufall. Oft halten Kinder, aber auch Erwachsene bei Würfelspielen manche Würfelergebnisse oder beim Lottospielen manche Zahlenkombinationen intuitiv für wahrscheinlicher als andere und das obwohl man durch den Stochastik-Unterricht der weiterführenden Schulen zumindest als Erwachsener eigentlich mehr über das Phänomen Zufall und die Verteilung von Wahrscheinlichkeiten wissen müsste.
In der Grundschule geht es im Bereich „Wahrscheinlichkeit“ nicht darum, Wahrscheinlichkeiten zu berechnen, sondern vielmehr ein Grundverständnis für das Phänomen Zufall zu erzeugen, das dann auch im Alltag aktivier- und anwendbar ist. Am besten gelingt dies, indem man die vielfältigen Alltagserfahrungen durch „kontrollierte“ Erfahrungen ergänzt – indem also ein experimentierintensiver Unterricht stattfindet, bei dem man erleben und verstehen kann, dass der Zufall auf lange Sicht Methode hat, wie es Hefendehl-Hebeker auf den Punkt bringt: „Der Zufall ist im Einzelfall nicht kalkulierbar. Auf langer Sicht hat er jedoch in gewissem Sinn Methode. Diese Einschätzung zu präzisieren gehört zu den Aufgaben einer Einführung in die Stochastik“. (Hefendehl-Hebeker 2003, S. 13) Neben dem Schaffen von breiten Erfahrungsmöglichkeiten durch Experimente ist es zudem wichtig, dass die Schüler ihre gemachten Erfahrungen zusammentragen, vergleichen und diskutieren. Nur so können fachliche Vorstellung erarbeitet und verstanden werden. So ist also die Reflexion der zweite wichtige Pfeiler eines guten Stochastikunterrichts in der Grundschule (vgl. Büchter/Hußmann/Leuders/Prediger).
Die Arbeitsblätter „Sicher – Möglich – Unmöglich?“ (KV 47–49) können gut dazu genutzt werden, um über die Zufälle des Alltags zu philosophieren und Begriffe zu schärfen.

Das Experimentieren/Forschen beginnt mit dem ersten Arbeitsauftrag (KV 50), bei dem es ums Würfeln mit einem Würfel geht:

Würfele insgesamt 50-mal mit einem Würfel. Trage deine Würfelergebnisse in eine übersichtliche Strichliste ein.

Wenn die Schüler ihre eigenen Ergebnislisten erstellen, werden einige Augensummen noch häufiger oder weniger häufig gewürfelt. Trägt man aber alle Ergebnisse der Klasse zu einer großen Klassenstrichliste zusammen, sieht man bei dieser großen Anzahl von Würfen Gesetzmäßigkeiten. Aufgrund der Symmetrie eines Würfels ist die Eintrittswahrscheinlichkeit aller Augenzahlen gleich groß.

Die zweite Untersuchung betrachtet die Wahrscheinlichkeiten beim Würfeln mit zwei Würfeln. So sieht die Verteilung beim Würfeln mit zwei Würfeln aus:

Summe aus den **Augenzahlen** von beiden Würfeln	**Alle Möglichkeiten der Wurfkombination**	**Anzahl** der Wurf**möglichkeiten**
1		0
2	⚀⚀	1
3	⚀⚁ / ⚁⚀	2
4	⚀⚂ / ⚂⚀ / ⚁⚁	3
5	⚀⚃ / ⚃⚀ / ⚁⚂ / ⚂⚁	4
6	⚀⚄ / ⚄⚀ / ⚁⚃ / ⚃⚁ / ⚂⚂	5
7	⚀⚅ / ⚅⚀ / ⚁⚄ / ⚄⚁ / ⚂⚃ / ⚃⚂	6
8	⚁⚅ / ⚅⚁ / ⚂⚄ / ⚄⚂ / ⚃⚃	5
9	⚂⚅ / ⚅⚂ / ⚃⚄ / ⚄⚃	4
10	⚃⚅ / ⚅⚃ / ⚄⚄	3
11	⚄⚅ / ⚅⚄	2
12	⚅⚅	1
13		0

So kann man vorgehen:

Diese Unterrichtseinheit kann sehr gut als erster Einstieg in die Arbeit mit Stochastik genutzt werden. Für die Durchführung benötigt man vier bis fünf Unterrichtsstunden.
Man beginnt die erste Stunde mit einer Einzelarbeit am Arbeitsblatt (KV 47). Dabei sollen sich die Kinder anhand von Aussagen aus ihrer Lebenswelt erst einmal selbstständig mit den Begriffen „sicher", „möglich" und „unmöglich" auseinandersetzen. Bevor man die Wahrscheinlichkeiten der einzelnen Behauptungen im Plenum diskutiert, kann man die Kinder ihre subjektiven Einschätzungen nach der kooperativen Methode „Think –Pair – Share" (→ Ich – Du – Wir/Think – Pair – Share) mit einem Partner vergleichen lassen. Die Arbeitsblätter KV 48 und KV 49 geben weitere Möglichkeiten, über den Zufall zu philosophieren. Im Mittelpunkt dieser Sequenz stehen jedoch die Würfelexperimente.

Den Beginn macht das Erforschen des Würfelns mit einem Würfel. In einer vorbereitenden Hausaufgabe (→ Vorbereitende Hausaufgabe) oder einer Einzelarbeit zu Beginn der folgenden Stunde müssen sich die Kinder mit vier Behauptungen zum Würfeln (KV 50) auseinandersetzen und überlegen, wer von diesen Kindern recht hat.
- Max: Eine 6 zu würfeln ist viel schwerer als eine 1, 2, 3, 4 oder 5 zu würfeln! (stimmt nicht)

- Katrin: Eine 3 zu würfeln ist besonders leicht, denn sie fällt öfter als andere Augenzahlen! (stimmt nicht)
- Hannes: Wenn ich zehnmal würfele, ist es möglich, dass ich auch zehnmal eine 6 würfele! (stimmt)
- Laura: Eine 6 zu würfeln ist genauso leicht oder schwer, wie eine 1, 2, 3, 4 oder 5 zu würfeln! (stimmt)

Damit sich die Schüler beim Gespräch besser darauf beziehen können, bietet es sich an, diese Aussagen für eine Diskussion im Plenum groß an die Tafel zu schreiben.

Im Anschluss daran soll die Aussage von Max untersucht werden und die Kinder bekommen für die Einzelarbeitsphase Aufgabenstellungen zum Würfeln mit einem Würfel (KV 51). Die offene Aufgabenstellung ermöglicht eine natürliche Differenzierung (→ Natürliche Differenzierung). Jedes Kind erstellt nach seinem Niveau eine eigene Strichliste und übt damit gleichzeitig das Darstellen von Lösungswegen. Falls die Schüler keine Erfahrungen mit Listen oder Tabellen haben, kann man natürlich auch eine fertige Tabelle vorgeben. Die Aufgabe, Auffälligkeiten schriftlich festzuhalten und zu begründen, werden die Kinder je nach Niveau komplexer oder weniger komplex lösen. Im Anschluss an diese Einzelarbeit füllt man eine Klassenstrichliste an der Tafel mit den Würfelergebnissen der einzelnen Kinder:

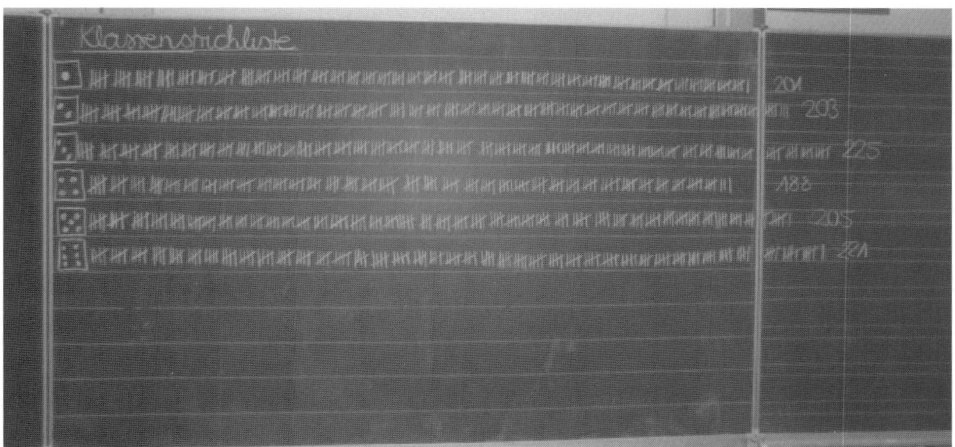

Beim Zusammentragen der Würfelergebnisse sollte den Kindern in der sich anschließenden Reflexionsphase nach und nach verständlich werden, dass das Auftreten der verschiedenen Augenzahlen, wenn man nur wenige Versuche macht, eventuell variiert, bei genügend Versuchen aber in etwa gleich häufig verteilt und somit gleich wahrscheinlich ist.

In der darauffolgenden Stunde wird das Würfeln mit zwei Würfeln genauer untersucht. Angeregt wird diese Arbeit durch das „Gipfelstürmerspiel" (KV 52), das oben schon genauer erklärt wurde. Es ist hilfreich, das Spiel gemeinsam an der Tafel einzuführen. Wichtig ist auch, dass der Begriff „Augensumme" für die Kinder vor dem Spiel geklärt wurde. Bevor in Partnerarbeit gespielt wird, muss das Gipfelstürmerspiel von den Kindern als fair oder unfair eingestuft werden. Diese Voreinschätzungen zeigen, wie die Kinder intuitiv ihre Gewinnchancen einschätzen. Haben sie schon die Augensummen der Würfel und deren mögliche Verteilungen im Blick oder lassen sie sich von der Anzahl der Gewinnzahlen beeinflussen?

Nachdem die Kinder mindestens fünfmal gespielt haben, werden ihre Beobachtungen und Vermutungen in einer Reflexionsphase diskutiert. Hierbei können erste Vermutungen darüber aufgestellt werden, welche Augensummen überhaupt, welche wohl häufiger oder weniger häufig gewürfelt werden oder welche Würfelkombinationen eigentlich möglich sind, um Augensummen zu erzielen. In der folgenden Stunde werden dann die Kombinationsmöglichkeiten untersucht.

Die Präsentation der Aufgabe macht den Anfang der nächsten Stunde. Zuerst werden dabei die Erfahrungen vom Gipfelstürmerspiel des Vortages wiederholt. Dann folgt die Besprechung der Aufgabenstellungen zum Würfeln mit zwei Würfeln (KV 53). Es bietet sich an, die ersten Kombinationsmöglichkeiten und deren Darstellung mit den schwächeren Kindern im Rahmen einer erweiterten Orientierung (→ Erweiterte Orientierung) gemeinsam zu besprechen. Danach macht sich jedes Kind in der Einzelarbeit selbstständig auf die Suche aller Kombinationen. Dabei sollte auch die Möglichkeit bestehen, dass die Kinder zwei unterschiedlich farbige Würfel zum Nachlegen der Kombinationen nutzen.

In Forschertreffs (→ Forschertreffs/Rechenkonferenzen) können die Schnellen nach der Einzelarbeit ihre Möglichkeiten und Entdeckungen in Kleingruppen besprechen. Im Klassengespräch danach werden an der Tafel alle Möglichkeiten zusammengetragen. Besonders auf die Frage, ob wirklich alle Kombinationsmöglichkeiten gefunden worden sind und ob die Kombination 6/1 dieselbe ist wie 1/6, kann beim Gespräch im Plenum genauer eingegangen werden.

Das haben die Schüler entdeckt:

Hier Ergebnisse der vorbereitenden Hausaufgabe zu KV 50, bei der die Aussagen zum Würfeln beim „Mensch-ärgere-dich-nicht"-Spiel bewertet werden sollten.

Sarah und Ronja reflektierten die Aussagen der Kinder nach ihren eigenen Erfahrungen:

Sarah:
Max hat recht, weil, als ich gewürfelt habe, hab ich nur dreimal eine 6 gewürfelt.
Katrin hat nicht recht, denn ich habe zehnmal gewürfelt und nur einmal eine 3 bekommen.
Hannes hat unrecht, ich hatte nur dreimal eine 6.
Laura hat auch nicht recht, denn ich habe nie eine 6 gewürfelt.

Ronja:
Ich finde Max hat recht, denn 6er sind komischerweise viel schwerer zu würfeln als 1er, 2er, 3er, 4er oder 5er.

Viele Kinder der Klasse hatten schon eine genaue und richtige Vorstellung vom Zufall beim Würfeln. Manche lieferten interessante und stimmige Begründungen:

Klara:
Lauras Behauptung stimmt! Weil Würfeln ist nur Glück!

Florian:
Laura hat recht, weil es ist ja nichts Magisches an einem Würfel dran.
Also für mich ist es gleich leicht, eine 6 zu würfeln, wie auch die anderen Zahlen.

Andreas:
Max hat nicht recht, denn es kommt auf Kraft, Ebenheit und Anfangsstellung des Würfels an. Da man das nicht einschätzen kann, kommt es am Ende auf den Zufall an.

Julia:
Laura hat recht. Jede Zahl ist auf einer Seite des Würfels.
Deshalb ist die Chance, eine 1, 2, 3, 4, 5 oder 6 zu würfeln, gleich groß.

Die Befragung der Kinder vor dem Gipfelstürmerspiel, bei der sie die Fairness seiner Regeln bewerten sollten, lieferte interessante Einblicke ins Denken der Kinder. Andreas ließ sich beim Bewerten des Spiels von der Anzahl der Gewinnchancen beeinflussen. Kevin erinnerte sich noch an das Würfeln mit einem Würfel und Martina ahnte schon, dass die Augensummen auch eine Rolle beim Ausgang des Spiels spielen.

a) Bevor ihr anfangt zu würfeln:

Findet ihr das Spiel fair O oder unfair ⊗? Warum?

Die Warscheinlichkeit ist höher das Nr. 1 gewint, denn Nr. 2 hat mehr Augenzahlen „zur Verfügung".

a) Bevor ihr anfangt zu würfeln:

Findet ihr das Spiel fair ⊗ oder unfair O? Warum?

Ich finde das Spiel fair weil Wanderer 1 hat zwar weniger möglichkeiten aber sie gehen leichter zu würfeln

Hier einige Vermutungen, warum Spieler 1 meistens gewinnt:

Andreas

b) Spielt das Spiel 5-mal. Gibt es einen eindeutigen Gewinner?

Könnt ihr das begründen?

Durch Zufall hat Wanderer 1 immer gewonnen – GLÜCKSPILZ!

Kevin

b) Spielt das Spiel 5-mal. Gibt es einen eindeutigen Gewinner?

Könnt ihr das begründen?

Wanderer 1 hat eindeutig gewonnen weil 6,7,8, die besten Augenzahlen sind

Moritz

b) Spielt das Spiel 5-mal. Gibt es einen eindeutigen Gewinner?

Könnt ihr das begründen?

Spieler 1 ist der eindeutige gewinner weil die 3 Zahlen liegen in der mitte

Lisa

b) Spielt das Spiel 5-mal. Gibt es einen eindeutigen Gewinner?

Könnt ihr das begründen?

Wanderer 1 hat eindeutig gewonnen weil 7, 8 die Augenzahlen

besser sind weil 1,2,3 kleiner sind und 11, 12 sind höher

und man würfelt sie auch weniger

Die Gedanken von Lisa, Kevin und Moritz wurden beim Würfelexperiment mit zwei Würfeln genauer untersucht.
Fabians Zeichnung zeigt die Verteilung der Würfelergebnisse genau und übersichtlich:

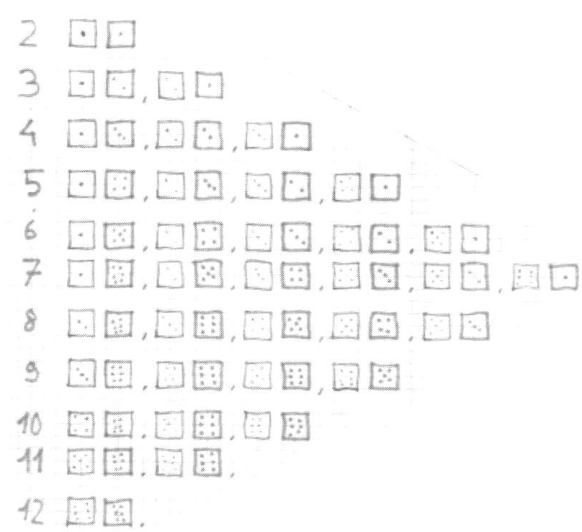

Sarah und Moritz begründeten schlau, warum sie alle Ergebnisse gefunden hatten, und gaben gute Tipps für einen faireren Spielablauf:

Sind das alle Möglichkeiten? Warum?

Ja weil es immer doppelte gibt.

Kannst du jetzt eine faire Regel fürs Gipfelstürmerspiel finden?

Ja das Jeder gleiche Zahlen, aussuchen würfeln darf.

Sind das alle Möglichkeiten? Warum?

Das sind alle Möglichkeiten weil es keine 0,7,8,9,10,11,12,13 auf dem Würfel gibt.

Kannst du jetzt eine faire Regel fürs Gipfelstürmerspiel finden?

Das Spieler 1, 5,6,7 Würfeln muss und Spieler 2 7,8,9 Würfeln muss

So kann es weitergehen:

Es bietet sich an, die Aussagen von Sarah, Moritz und anderen Kinder noch genauer unter die Lupe zu nehmen. Eine gemeinsame Reflektion im Gespräch macht die Verteilung der Würfelchancen und das Wirken des Zufalls noch deutlicher.

KV 47 **Sicher – Möglich – Unmöglich? I** Name:

Sicher – möglich – unmöglich? Was denkst du? Kreuze an.

Behauptung	**sicher**	**möglich**	**unmöglich**
Weihnachten ist dieses Jahr im Mai.			
Nach Sonntag kommt Montag.			
Morgen ist der ________.			
Morgen gehe ich in die Schule .			
Heute bekomme ich ein Mittagessen.			
Nächsten Monat ist mein Geburtstag.			
Ich werde 10 Jahre alt.			
Mein Vater ist jünger als ich.			
Bis nächste Woche wachse ich 30 cm.			
Ich springe weiter als 5 m.			
Der FC Bayern wird Deutscher Meister.			
Morgen fällt Schnee.			
Morgen regnet es.			
Heute wird es noch 30° C warm.			
Wenn mein Nutellabrot herunterfällt, landet es auf der Nutellaseite			

KV 48 **Sicher – Möglich – Unmöglich? II** Name:

Albert, Britta und Caspar sitzen auf einer Mauer.

Welche Aussagen stimmen? Kreuze an.

Es ist sicher, dass Albert und Britta nebeneinander sitzen.	
Es ist möglich, aber nicht sicher, dass Caspar und Britta nebeneinander sitzen.	
Es ist unmöglich, dass Albert und Caspar nebeneinander sitzen.	
Es ist sicher, dass Britta und Caspar nicht nebeneinander sitzen .	
Es ist sicher, dass Albert entweder neben Caspar oder Britta sitzt.	
Es ist möglich, dass Caspar neben Britta und Albert sitzt.	

KV 48 **Sicher – Möglich – Unmöglich? II** Name:

Albert, Britta und Caspar sitzen auf einer Mauer.

Welche Aussagen stimmen? Kreuze an.

Es ist sicher, dass Albert und Britta nebeneinander sitzen.	
Es ist möglich, aber nicht sicher, dass Caspar und Britta nebeneinander sitzen.	X
Es ist unmöglich, dass Albert und Caspar nebeneinander sitzen.	
Es ist sicher, dass Britta und Caspar nicht nebeneinander sitzen .	
Es ist sicher, dass Albert entweder neben Caspar oder Britta sitzt.	X
Es ist möglich, dass Caspar neben Britta und Albert sitzt.	X

Sicher – möglich – unmöglich?

Stelle eigene richtige Behauptung auf.

Es ist sicher, dass

Es ist möglich, dass

Es ist unmöglich, dass

KV 50 Mensch-ärgere-dich-nicht Name:

Vier Kinder spielen Mensch-ärgere-dich-nicht.

Das sind ihre Behauptungen:

Eine 6 zu würfeln ist viel schwerer, als eine 1, 2, 3, 4 oder 5 zu würfeln!

Max

Eine 3 zu würfeln ist besonders leicht, denn sie fällt öfter als andere Augenzahlen!

Katrin

Wenn ich zehnmal würfele, ist es möglich, dass ich auch zehnmal eine 6 würfele!

Hannes

Eine 6 zu würfeln ist genauso leicht oder schwer, wie eine 1, 2, 3, 4 oder 5 zu würfeln!

Laura

Wer hat recht? Warum?

____

____

____

____

KV 51 **Würfeln mit einem Würfel** Name:

1. Würfele insgesamt 50-mal mit einem Würfel.

2. Trage deine Würfelergebnisse in eine übersichtliche Strichliste ein.

3. Betrachte deine Strichliste.

a) Was fällt dir auf?

b) Hast du eine Begründung dafür?

KV 52 Gipfelstürmerspiel Name:

Welcher Wanderer erreicht zuerst den Gipfel?

Anton darf immer dann einen Schritt nach oben, wenn er eine 6, 7 oder 8 als Augensumme würfelt.

Berti darf immer dann einen Schritt nach oben, wenn er eine 2, 3, 11 oder 12 als Augensumme würfelt.

a) Bevor ihr anfangt zu würfeln:

Findet ihr das Spiel fair O oder unfair O? Warum?

____

____

b) Spielt das Spiel 5-mal. Gibt es einen eindeutigen Gewinner? Könnt ihr das begründen?

____

____

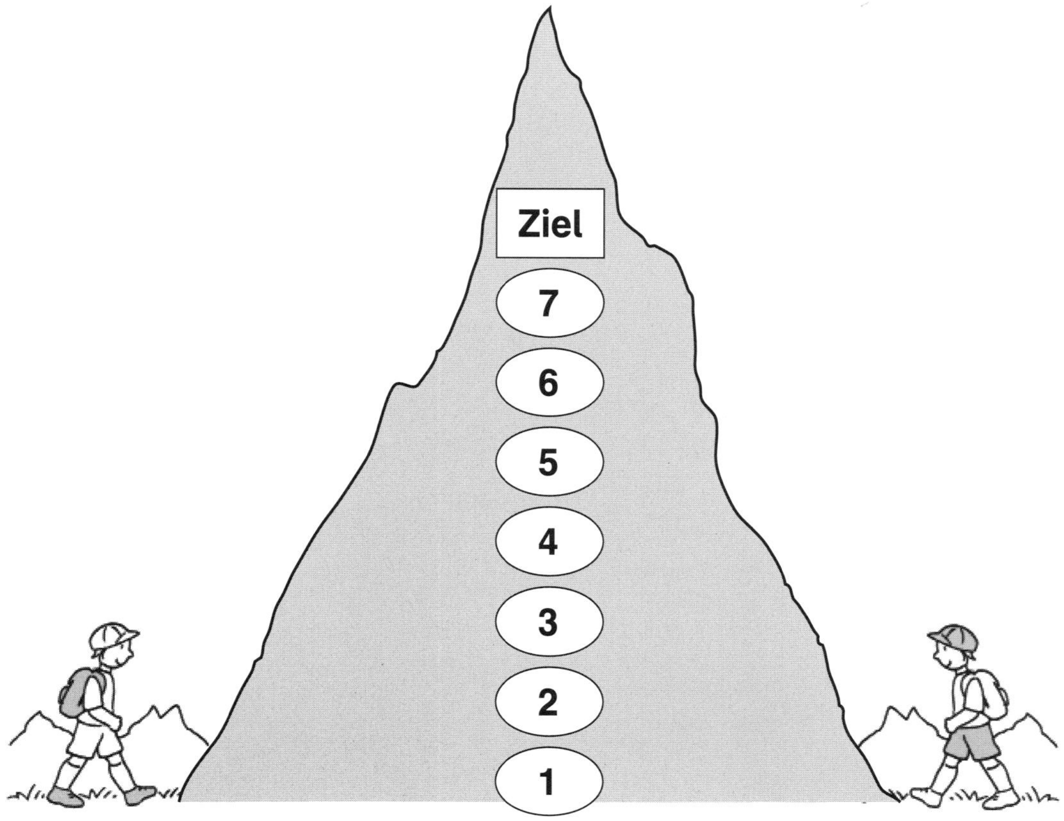

KV 53 **Würfeln mit zwei Würfeln** Name:

Wie viele Möglichkeiten gibt es, um die Augensummen 1, 2, 3, 4, 5, 6, 7, 8, 9, 10, 11, 12, 13 zu würfeln?
Stelle alle Möglichkeiten in einer übersichtlichen Tabelle dar.

Sind das alle Möglichkeiten? Warum?

Kannst du jetzt eine faire Regel fürs Gipfelstürmerspiel finden?

Kleines Lexikon eines aktiv-entdeckenden Unterrichts

In diesem Buch tauchen immer wieder Begriffe auf, die wichtige Bestandteile eines Unterrichts sind, der die Entwicklung inhaltsbezogener, aber auch prozessbezogener Kompetenzen anstrebt. Diese Schlagwörter sollen in folgendem Glossar zusammengefasst und genauer erklärt werden.

In den Mittelpunkt eines aktiv-entdeckenden Unterrichts wird in der Regel eine Gute Aufgabe oder eine Lernumgebung gestellt.

Gute Aufgaben

Die Definition von Gerd Walther verdeutlicht das Ziel guter Aufgaben:

> „Gute Aufgaben sind Aufgaben, welche bei Schülern in Verbindung mit grundlegenden mathematischen Begriffen und Verfahren die Entwicklung prozessbezogener Kompetenzen unterstützen."

Gute Aufgaben ermöglichen also gleichzeitig die Ausbildung von inhalts- und prozessbezogenen Kompetenzen. Sie beinhalten eine Vielzahl an mathematischen Aktivitäten und stellen nicht immer sofort abrufbare Lösungsverfahren zur Verfügung. Man muss häufig kreativ, forschend und produktiv mathematisch tätig werden, eigene Lösungsideen entwickeln und ausprobieren. So regen sie Lernprozesse und Diskussionen an und bilden Routinen aus. Ihre Ergebnisse sind oft Schritte zu weiteren Fragestellungen. Viele Gute Aufgaben enthalten eine natürliche Differenzierung (→ Natürliche Differenzierung). Der Lehrer kann so mit geringem Arbeitsaufwand alle Kinder der Klasse an einer Aufgabe arbeiten, üben und Entdeckungen machen lassen, ohne dass ein Schüler über- oder unterfordert wird.

Lernumgebungen

Eine Lernumgebung ist die konkrete Realisierung einer Guten Aufgabe im Unterricht.
Wittmann (1997) definiert sie folgendermaßen:

> „Der Terminus Lernumgebung als Erweiterung des üblichen Begriffs Aufgabe beschreibt im Wesentlichen eine Arbeitssituation als Ganzes, die aktiv-entdeckendes und soziales Lernen ermöglichen und unterstützen soll."

Nach Wälti, Hirt und Wollring (2008) ermöglichen Lernumgebungen die Erweiterung von Kompetenzen, mathematische Tätigkeiten und eine natürliche Differenzierung. Sie sollten eine mathematische Substanz mit sichtbar werdenden Mustern und Strukturen besitzen und sich an zentralen mathematischen Inhalten und Prozessen orientieren. Eine gute Lernumgebung initiiert die Eigentätigkeit aller Lernenden. Auch langsam Lernende bekommen durch sie einen Zugang zu mathematischen Tätigkeiten. Zudem fordert sie schnell Lernende, weil sie ein hohes kognitives Aktivierungspotenzial enthält. Lernumgebungen fördern individuelle Denk- und Lernwege und eigene Darstellungsformen und ermöglichen dabei sozialen Austausch und Kommunikation über Mathematik.

Eine typische aktiv-entdeckende Unterrichtsstunde läuft ab nach dem Prinzip:

Ich – Du – Wir / Think – Pair – Share

Was sich hinter diesem konstruktivistischen Unterrichtsprinzip verbirgt, haben die Schweizer Didaktiker Peter Gallin und Urs Ruf mit dem Titel ihrer Bücher „**Ich** mache das so! Wie machst **du** es? Das machen **wir** ab.“ auf den Punkt gebracht.

Den Beginn jeder Einheit macht das

Ich (Think) – das Individuelle Arbeiten:

Die Schüler machen sich dabei eigenständig mit der Themenstellung vertraut. Sie stellen individuelle Bezüge zu ihrem Vorwissen her, entwickeln erste Ideen und erproben eigene Lösungsstrategien. Gleichzeitig identifizieren sie persönliche Lücken und Hemmnisse.

Danach erfolgt das

Du (Pair) – das Lernen mit dem Partner:

Man tauscht sich mit einem Gegenüber aus (z. B. mit dem Banknachbarn). Dabei wechseln die Rollen zwischen Informant und Zuhörer. Die Partner fragen bei Bedarf nach, helfen sich gegenseitig bei der Klärung offener Fragen und diskutieren strittige Punkte. Gemeinsam arbeiten sie an der Optimierung des Lösungsweges.

Am Ende der Lerneinheit steht das

Wir (Share) – die Kommunikation im Klassenteam:

Hierbei werden die Resultate im Klassenplenum präsentiert und diskutiert. Aus den Beiträgen aller wird ein gemeinsames Ergebnis erarbeitet. Vor diesem Schritt kann eine Phase der Diskussion in Kleingruppen (→ Forschertreffs/Rechenkonferenzen) oder ein Museumsgang (→ Museumsgang) zur Würdigung der Ergebnisse eingeschoben werden. Dies baut Hemmschwellen bei der Präsentation vor der gesamten Klasse ab und ermöglicht allen Schülern eine erste Orientierung über das Geleistete.

Nach diesen Phasen des Unterrichts sind auch die folgenden Seiten dieses Glossars eines forschend-entdeckenden Unterrichts aufgeteilt:

Die ICH-Phase (Think)

Standortbestimmungen/Eigenproduktionen

Standortbestimmungen ermitteln bereits vorhandene Kenntnisse und Fähigkeiten in Themenbereichen, deren Behandlung im Unterricht erst bevorsteht. Eine Möglichkeit der Standortbestimmung sind freie Produktionen von Kindern in offenen Aufgaben. Sie eröffnen Lehrern den Blick für das Vorwissen und die Denkweisen der Schüler.

Gut geeignete Ausgangsaufgaben sind produktive Übungsformate und offene Sachsituationen, denn sie gewähren oft einen großen Spielraum für die unterschiedlichsten Aufgabenideen und Lösungswege.

Die Produktionen der Kinder sind für den Lehrer einerseits eine gute Analyse dafür, wo jeder Schüler steht, können andererseits aber auch hervorragend für den weiteren Unterricht eingesetzt werden. Nutzt man die Lösungswege der Kinder zur Weiterarbeit, wie in den Lernumgebungen zum „Schriftlichen Rechnen mit Ziffernkarten“ und zum Bearbeiten einer „Denksportaufgabe mithilfe einer Rechenkonferenz“ vorgestellt, sollten höchstens vier bis fünf Beispiele ausgesucht werden, die „besprechenswert“ sind. Das heißt, die ausgewählten Wege sollen wichtige Lerninhalte repräsentieren, gute Fehler enthalten, Fragen aufwerfen oder neue Möglichkeiten/Ideen der Bearbeitung aufzeigen.

Die Beispiele der Kinder sollten also Möglichkeit bieten, Kriterien zu entdecken, die dem Lehrer beim Lernen wichtig sind und die Kinder zum Nachdenken, Stutzen und Fragen bringen. Möglich wäre aber auch, dass der Lehrer eigene Wege in die Sammlung der ausgesuchten Schülerproduktionen einbringt. Wichtig ist jedoch, wenige Beispiele (höchstens fünf) auszusuchen, denn so haben die Kinder die Möglichkeit, sich auf alle Wege einzulassen. An wenigem, gut ausgewählten Material kann dann im Plenum viel gehaltvoller diskutiert werden.

Fehler

Fehler haben in einem forschend-entdeckenden Unterricht einen wichtigen Stellenwert. Sie zu machen sollte als positiver Vorgang geschätzt werden. Schließlich geben sie Aufschluss über das Denken der Kinder, ermöglichen ein Nachdenken und einen Austausch über ihre Gründe und können in vielfältiger Weise genutzt werden. Für Lehrer sind sie zur Analyse und Planung des Unterrichts hilfreich – für Schüler sind sie wichtige Stationen ihres eigenen Lernens.
Damit sie ihre Fehler als Lernchance wahrnehmen können, bedarf es einem besonderen Unterrichtsklima, einer wertschätzenden Fehlerkultur. Die Schüler dürfen keine Angst davor haben, Fehler zu machen. Im Gegenteil: Fehler sollten eine positive Stellung im Lernprozess einnehmen und als wertvoller Wegweiser für den gemeinsamen Lernprozess betrachtet werden. Dies erreicht man am besten, indem man sie ernst nimmt, thematisiert und sie regelmäßig zur Weiterarbeit im Unterricht nutzt. In einem Unterricht, in dem die Schüler Aufgaben bearbeiten, zu denen es nicht nur eindeutige Lösungen gibt, ist das Ausbilden einer solchen Fehlerkultur besonders gut möglich.

Vorbereitende Hausaufgabe

Eine vorbereitende Hausaufgabe ermöglicht, wie ihr Name schon sagt, dass sich die Kinder auf die nächste Stunde vorbereiten und sich auf Sachverhalte im Vorfeld einlassen können. Der Schüler muss sich eigenverantwortlich kundig machen, damit er in den Gesprächen der nächste Stunde etwas zu sagen hat. Somit wird er fürs Lernen mitverantwortlich gemacht. Für vorbereitende Hausaufgaben sollte immer gelten: „Arbeite alleine daran! Deine Gedanken und Ideen sind wichtig!“

Natürliche Differenzierung

Die Unterschiede der Grundschulkinder im Leistungsbereich, im Denken und in ihren Fertigkeiten sind groß, oft erstreckt sich eine Spanne auf bis zu drei Schuljahre. Für einen besseren Umgang mit dieser Heterogenität sprechen Aufgaben, die eine natürliche Differenzierung ermöglichen. Solche Aufgaben sind so konzipiert, dass alle an der gleichen Aufgabenstellung arbeiten, jeder nach seinem Niveau. Die langsam Lernenden finden einen Zugang, aber auch für die begabten Kinder hält die Aufgabe Herausforderungen bereit. Die Möglichkeiten liegen in den Strukturen und Mustern einer Aufgabe. Man kann sie „erforschen, fortsetzen, ausgestalten und selbst erzeugen“ (Wittmann). Die Differenzierung liegt also schon in der Aufgaben selbst und muss nicht qualitativ oder quantitativ von außen erfolgen.

Aktiv-entdeckendes Lernen

Die angebotenen Aufgabenformate sollten im Unterricht möglichst zum selbsttätigen, aktiven Lernen anregen. Die Schüler sollen durch sie die Möglichkeit haben, eigene Entdeckungen zu Regelmäßigkeiten oder wiederkehrenden Mustern zu machen. Die dadurch erworbene Selbstbestätigung und Freude der Kinder ist der schönste Grund dafür, solche Lernangebote zu schaffen. Aus der Sicht der Lernpsychologie ist schon lange bekannt, dass Schüler besonders die Lerninhalte behalten, die sie selbst entdeckt, selbst behandelt und selbst nachvollzogen haben. Der Konstruktivismus ist die Grundlage des aktiv-entdeckenden Lernbegriffs.

Konstruktivismus

Nach den kognitiven Lernpsychologien wird das Lernen nicht mehr als ein Prozess der Informationsverarbeitung gesehen, sondern als Wissenskonstruktion. Diesen Akt muss der Mensch selbstständig vollziehen, das heißt, es kann nur durch einen geringen Teil von außen beeinflusst werden. Wissen, Inhalte und Fähigkeiten müssen dabei aktiv auf der Basis schon vorhandener Wissensstrukturen konstruiert werden. So muss das Lehren als „Vermitteln von Stoff" durch ein Lehren ersetzt werden, bei dem es um das „Bereitstellen einer anregenden und komplexen Lernumgebung" geht.
Das heißt, Schüler können nur Neues lernen, wenn sie es aktiv mit bereits erlerntem Wissen vernetzen und sich so selbstständig neues Wissen konstruieren. Um Erfahrungen machen zu können, braucht jedes Kind individuell verschiedene Anregungen und Angebote, die Substanz haben.
Das Konstruieren von Wissen findet in erster Linie in sozialen Kontexten statt, der Mensch handelt es sich in der Verständigung mit seinen Mitmenschen aus. Dies macht die Unterrichtsgespräche, die Kommunikation über die Sache, in den Du- und Wir-Phasen auch so bedeutsam.

Produktive Übungsformate

Um den Schülern tragfähiges Wissen zu vermitteln, das sie möglichst langfristig im Gedächtnis behalten sollen, muss natürlich geübt werden. Doch die reine Wiederholung von immer gleichen Aufgabentypen unterfordert schneller lernende Schüler. Sie brauchen zusätzliche, herausfordernde Aufgabenstellungen. Auch die langsamer lernenden Schüler werden nicht allein dadurch den richtigen Lösungsweg erkennen, dass sie seitenweise gleiche Aufgabentypen gerechnet haben.
Sinnvolles Üben gelingt gut mit sogenannten „produktiven Übungsformaten". Hiermit sind Übungsangebote an die Schüler gemeint, bei denen Aufgaben nicht nur mechanisch abgearbeitet werden, sondern zusätzlich zum Üben der inhaltlichen Kompetenzen auch prozessbezogene Kompetenzen geschult werden. Wenn man ihren mathematischen Reichtum entdeckt, ermöglichen diese Aufgaben Möglichkeiten der natürlichen Differenzierung. So enthalten sie meist vielfältige Muster und Strukturen, die von den Kindern entdeckt und/oder weitergeführt werden können. Alle Schüler können hierbei auf unterschiedlichem Niveau an einem Aufgabenformat arbeiten. Durch ihre strukturierte Form enthalten sie auch häufig die Möglichkeit der Selbstkontrolle. Typische Beispiele für produktive Übungsformen sind „Strukturierte Päckchen", „Zahlenmauern", „Rechendreiecke", „Magische Quadrate" usw.

Erweiterte Orientierung

Nachdem Aufgabenstellungen zu Beginn einer Unterrichtseinheit für alle besprochen worden sind, benötigen manche Schüler häufig noch genauere Erklärungen und Unterstützung, bevor sie es sich zutrauen, selbstständig an der Aufgabe zu arbeiten. Mit diesen Schülern kann der Lehrer klärende Gespräche im Sitzkreis führen und in kleiner Runde individuelle Probleme besprechen. Sobald sich ein Schüler sicher fühlt, darf er die Runde verlassen und an seinem Platz mit der Arbeit beginnen. Es hat sich bewährt, dabei verschiedene Strategien zu trainieren, wie z. B. das Markieren wichtiger Stichwörter, das Übersetzen von Fachbegriffen oder das Erklären der Aufgabenstellung in eigenen Worten. So werden Fertigkeiten trainiert, die den Schülern bei neuen Problemen helfen können. Bei einigen Aufgabenstellungen bietet sich auch eine Unterstützung durch konkrete Materialien an.

Portfolios/Lerntagebücher

Es kursieren zahlreiche, manchmal synonym verwendete Begriffe: Lerntagebuch, Reisetagebuch, Lernwegebuch, „So-denke-Ich"-Heft usw. Es wird ähnlich wie ein Tagebuch genutzt, das den Schüler auf seinem Lernprozess über ein, zwei oder mehr Schuljahre begleitet und immer wieder drei wichtige Tätigkeiten im aktiv-entdeckenden Unterricht unterstützt:

- Es bietet natürlich zunächst einmal die Möglichkeit, Lernprozesse zu **dokumentieren**. Die Schüler sammeln in einem Arbeitsheft verschiedene Arbeitsprodukte und können immer wieder auf vorhergehende Aufgaben zurückblättern.

Dokumentieren: Aufgaben, Lösungen, Gedanken, Fragen

- In Phasen des sozialen Austausches dienen diese Lerntagebücher als Kommunikationsgrundlage für Diskussionen. Sowohl Mitschüler als auch der Lehrer können mündlich oder schriftlich ihre Meinung zum Geschriebenen äußern, der Schüler hat die Möglichkeit, direkt darauf zu antworten. Es hilft uns dabei, über Lernprozesse zu **kommunizieren**.

Kommunizieren: über das Geschriebene sprechen/sich austauschen, mündlich/schriftlich, mit dem Lehrer/mit den Mitschülern

- Vor allem aber **reflektieren** die Schüler in den Lerntagebüchern ihren eigenen Lernprozess. Am Ende jeder Unterrichtsphase geben die Kinder sich selbst und dem Lehrer eine kurze Rückmeldung über den geleisteten Lernprozess oder über aufgetretene Probleme.

Reflektieren: zur Sache, zur Arbeitsform oder zum eigenen Lernweg

Hier bieten sich folgende Möglichkeiten an: Mithilfe von Smileys oder Fragen ins Heft, als wiederkehrendes Ritual, mit Symbolen: ☺ → Das lief heute gut. ☹ → Hier musste ich ziemlich überlegen. ! → Das wollte ich noch sagen. ? → Hier habe ich noch eine Frage. Andere Möglichkeiten wären ein Selbstbewertungsbogen oder das Notieren von Vorsätzen für das nächste Mal. So entsteht nach und nach ein Stärken- und Schwächen-Profil und die Kinder lernen, sich selbst einschätzen.
Für den Lehrer bietet das Lerntagebuch eine gute Möglichkeit zu einer fundierten Schülerbeobachtung. Wichtig erscheint, dass in diesem Heft nicht korrigiert wird, sondern der Lehrer als Unterstützer und Begleiter nur Tipps und Denkanstöße gibt. Das Lerntagebuch soll ein individuelles Produkt des Schülers sein. Trotzdem dürfen und müssen im Sinne einer Schulung von Arbeitsmethoden gewisse Maßstäbe an die äußere Form gestellt werden. In der Praxis hat sich dafür ein DIN-A4-Heft mit weißen Seiten (blanko) als sinnvoll herausgestellt, um möglichst viel Raum für eigene Lösungswege zu lassen.

Die DU-Phase (Pair)

Austausch mit einem Partner

Vor einem Forschertreff/Plenumsgespräch bietet es sich an, dass sich die Kinder entweder mit ihren Nachbarn am Platz oder im Sitzkreis/Kinositz vor der Tafel über das, was sie entdeckt haben, austauschen können. Dieser Austausch ermöglicht einen ersten Ausdruck und Eindruck, regt ein Nachdenken an und bereitet auf die Gesprächsphase in der Klasse/Kleingruppe vor.

Forschertreffs/Rechenkonferenzen

Bei einem Forschertreff kommen zwei bis vier Kinder in einer Kleingruppe zusammen, stellen sich gegenseitig ihre Gedanken/Lösungen vor und diskutieren über ihre Wege. Die Aufgabe der Schüler ist es dabei, ihren eigenen Weg verständlich vorzustellen, die Lösung des anderen nachzuvollziehen und mit der eigenen zu vergleichen. Nach solchen Diskussionen in der Kleingruppe gehen die Kinder häufig noch einmal zurück an ihren Arbeitsplatz und verbessern ihre Lösungen mithilfe der erworbenen Erkenntnisse.

In der Regel läuft die Gruppenbildung so ab, dass die Schnellen sich als Erstes zusammensetzen. Es ist jedoch auch sehr sinnvoll, dass der Lehrer Kinder mit interessanten Lösungswegen oder ähnlichen Niveaus zu einem gemeinsamen Austausch ermutigt. Forschertreffen schaffen gute Grundlagen, um im Plenum effektiver diskutieren zu können. In der Kleingruppe erhält jeder die Chance, zu Wort zu kommen und sich eine eigene Meinung zu bilden.

Organisation von Partnerarbeiten und Forschertreffs

- Wortspeicher mit Fachbegriffen:
  Gerade für den gemeinsamen Austausch müssen die Schüler über einen gewissen mathematischen Grundwortschatz verfügen. Dabei kann das Anlegen von sogenannten Wortspeichern in Form von Plakaten im Klassenzimmer oder als kleine „Vokabelhefte" sehr nützlich sein. Der jeweils für diese Aufgabenstellung benötigte Wortschatz wird zu Beginn einer Unterrichtseinheit gemeinsam geklärt. Beispielsweise müssen bei der Arbeit mit Tabellen die Begriffe „Spalte", „Zeile", „waagrecht" und „senkrecht" entlastet werden. Als Grundlage für den sozialen Austausch und auch als Unterstützung fürs schriftliche Verbalisieren ist so ein Wortspeicher in jeder Unterrichtsphase sehr hilfreich.
- Satzanfänge/Forscherfragen:
  Vorgegebene Satzanfänge können Kinder beim Argumentieren im sozialen Austausch oder bei der schriftlichen Fixierung ihrer Gedanken unterstützen.

Zu Beginn dachte ich ...	Das habe ich entdeckt ...	Mir fällt auf ...	Das habe ich gelernt ...	Das ist so, weil ...
Das möchte ich noch sagen:	Das möchte ich noch fragen:	Ich verstehe nicht ...	Kannst du mir erklären ...	Das habe ich am Ende gedacht:

Solche Satzanfänge sollten mit den Kindern besprochen, als Stütze im Klassenzimmer sichtbar ausgestellt (Kopiervorlagen finden sich hierzu in der Lernumgebung „Zuerst streng ich mich eben ein bisschen an!" – schriftliche Addition mit Ziffernkarten trainieren") und auch regelmäßig eingefordert werden. So wird der sprachliche Ausdruck im Mathematikunterricht geschult.

Als Reflexions- und Diskussionshilfen nach dem Bearbeiten von guten Aufgaben haben sich Forscherfragen bewährt. Sie können Kinder nach dem Bearbeiten einer Aufgabe noch zu weiterem Nachdenken über Muster und Strukturen, Hintergründen und Strategien auffordern:

Was hast du da gemacht? Erkläre genau.	Warum hast du das gemacht?	Wieso ist das so?	Sind das alle möglichen Lösungen? Warum?	Warum gibt es nicht mehr Lösungen?
Welche Besonderheiten entdeckst du?	Welche Gemeinsamkeiten/Unterschiede entdeckst du?	Vergleiche die Wege/Ergebnisse. Was fällt dir auf?	Hat das Kind recht? Warum?	Ordne deine Zahlen. Was fällt dir auf?

- Zeit und Raum
  Bei Partnerarbeiten und Gruppenarbeiten ist es von Vorteil, wenn die Schüler einen ritualisierten Raum haben, in dem sie sich bewegen können. Ein vereinbartes Zeichen, z. B. ein Piktogramm oder akustisches Signal, könnte die Du-Phase, den Austausch mit dem Nachbarn oder in einem Forschertreff einläuten. Auch feste Orte, an denen man sich für einen Forschertreff zusammensetzt, erleichtern die Organisation. Hier kann besonders gut mit kleineren Tischen gearbeitet werden, an denen die Schüler eng zusammensitzen, um in angemessener Lautstärke und Intimität arbeiten können (vgl. Abbildung auf S. 31).
  Der Lehrer sollte daran denken, den Kindern genügend Zeit für den Austausch zu geben. Auch eine angenehme Lautstärke ist beim Arbeiten für alle Beteiligten wichtig. Die Nutzung eines nahe gelegenen Gruppenraumes bietet sich dabei natürlich besonders gut an.

Die WIR-Phase (Share)

Kommunizieren im Plenum/Präsentieren der Ergebnisse

Das Plenum kann in mehrfacher Hinsicht genutzt werden. Nach der Arbeit in der Gruppe können die Gruppen nacheinander ihre Ergebnisse vorstellen. Aber auch einzelne Kinder können ihren Mitschülern ihre Entdeckungen präsentieren. Die Erfahrung zeigt, dass es oft besser ist, in Plenumsgesprächen an Wenigem intensiver zu diskutieren, als die Kinder mir einer Masse an Wegen und Ergebnissen zu überfordern. Der Lehrer sollte also eine Vorauswahl treffen (→ Auswahl von Materialien). Ist eine Klasse solch ein Vorgehen, bei dem immer nur wenige interessante Wege vom Lehrer ausgewählt werden, gewohnt, ist es für sie auch kein Problem mehr. Allerdings muss der Lehrer darauf achten, nicht immer Wege bestimmter Kinder auszuwählen. Zudem müssen auch die nicht ausgewählten Ergebnisse wertschätzend behandelt werden (in der Korrektur oder durch Ausstellungen).
Vor solchen Gesprächen in der Großgruppe sollten unbedingt die Ich- und Du-Phase eingehalten werden. Wenn sich die Kinder schon intensiv mit der Sache auseinandersetzen konnten und jeder etwas zu sagen hat, wird sich auch die gemeinsame Kommunikation reichhaltiger gestalten.

Organisation der Kommunikation im Plenum

- Organisationsform:
  Als Organisationsform für Plenumsgespräche eignen sich besonders gut Sitzhalbkreise oder Kinositze vor der Tafel, bei denen alle Kinder einen uneingeschränkten Blick auf die vorbereiteten Ergebnisse haben können. Sitzhalbkreise sind oft kommunikativer, weil sich die Kinder beim Sprechen besser sehen können.
- Präsentationsform:
  Egal ob Plakate oder einzelne Wege/Lösungen von Kindern besprochen werden, ist es wichtig, dass alle die ausgesuchten Wege gut lesen können. Es bietet sich an, Lösungswege groß zu kopieren

oder von den Kindern noch mal groß und gut lesbar abschreiben zu lassen. Nur so kann man sich auf die Gedanken/Ideen der Anderen wirklich einlassen und Bezug darauf nehmen.

- Moderationsform:
  Die Moderation im Gesprächskreis sollte primär die Aufgabe des Lehrers sein (→ Moderation von Lernprozessen). Wenn ein Kind auf die Aussagen eines anderen Kindes jedoch sofort Bezug nehmen will, kann es dies mit einem abgemachten Signal anzeigen (z. B. Melden mit zwei Fingern). Damit besteht auch die Möglichkeit, dass ein Schüler die Kinder aufrufen kann, die auf seine Ideen eingehen wollen.

Museumsgang

Dafür werden erarbeitete Plakate/Ergebnisse (z. B. auch Lerntagebücher) wie in einer Ausstellung im Klassenzimmer verteilt und präsentiert. Die einzelnen Gruppen gehen gemeinsam von Plakat zu Plakat und setzen sich mit den Ideen der anderen Gruppen auseinander. Dabei müssen sie ihre Fragen und Gedanken zu den jeweiligen Plakaten/Ergebnissen schriftlich festhalten (vgl. Kopiervorlage „Museumsgang" in der Lernumgebung „Das muss ich jetzt eigentlich erst einmal wissen!" – Fermi-Aufgaben lösen"). In Form eines Schreibgespräches können auch die jeweiligen Schüler direkt darauf antworten. Anschließend kann im Plenum über die Eindrücke diskutiert werden. Ein Vorteil dieser Methode besteht darin, dass alle Arbeitsergebnisse gewürdigt werden, ohne dass jeder Lösungsweg explizit besprochen werden muss. Wichtig ist es, den Museumsrundgang in Stille durchzuführen und erst anschließend über das Gesehene zu sprechen. So kann sich wirklich jeder seine eigenen Gedanken machen. Man sollte als Lehrer immer genügend Zeit für solch eine Auseinandersetzung einplanen.

Expertenvortrag

Bestimmte Schüler werden als „Experten" für ein bestimmtes Problem oder für ein bestimmtes Fachgebiet ausgewählt. Sie informieren ihre Zuhörer und regen so eine Diskussion an. Der Lehrer ist nicht mehr allein der „Allwissende". Die Schüler profitieren von ihrem Wissen untereinander.
Eine Möglichkeit bietet die Arbeitsform „Stamm- und Expertengruppen": Die Schüler erhalten farbige Gruppenkarten. Jeder Schüler trifft sich mit den Kindern der jeweiligen Farben. Dabei kann die Zuteilung der Farben über den Lehrer gesteuert werden, sodass er die Zusammensetzung der Gruppen steuern kann. Nun bearbeiten alle Schüler einer Farbe beispielsweise zur Wiederholung der bisher erworbenen Kenntnisse über Größen. Eine Gruppe bearbeitet die Längen, eine andere Gruppe die Gewichte, die nächste das Geld usw. Nachdem jede Gruppe zu einem tragfähigen Ergebnis gekommen ist, werden nun neue Gruppen gebildet. Dabei muss in jeder Gruppe ein Kind von jeder Farbe sitzen. Nun können die Schüler reihum als „Experten" über ihre Größe referieren. So profitieren die anderen, indem sie einen Einblick in die Gruppenarbeit der anderen erhalten, und auch der „Erklärende", der seine Erkenntnisse nun noch einmal in Worte fassen muss.

Die Rolle des Lehrers in einem aktiv-entdeckenden Unterricht

Schaffen von Lernräumen

- Klare Aufgabenstellungen:
  Durch klare Aufgabenstellungen und Einstiege in die Sache, bei denen alle Schüler ohne Zögern anfangen können, legt der Lehrer wichtige Grundsteine für die Weiterarbeit.
- Zeitplanung:
  Für die verschiedenen Phasen sollte der Lehrer genügend Zeit einplanen. Stunden können auf 60 oder 90 Minuten ausgeweitet, manchmal aber auch an wichtigen Stellen abgebrochen und am nächsten Tag beendet werden. Dabei sind die Erfahrung und das Gefühl des Lehrers gefragt. Meist kann er seine Klasse bezüglich des Arbeitstempos und des Leistungs- sowie des Durchhaltevermögens am besten einschätzen.

- Lernatmosphäre:
  Der Lehrer sollte auf einen wertschätzenden Umgangston und eine gleichberechtigte verbale Auseinandersetzung in den Arbeitsgruppen achten, sodass sich keiner ausgelacht oder missachtet fühlen muss. Eine ruhige Arbeitsatmosphäre ist für konzentriertes Arbeiten wichtig.
- Metabewusstsein:
  Es erleichtert das gemeinsame Lernen ungemein, wenn der Lehrer den Schülern immer wieder Transparenz über die einzelnen Phasen, über seine Vorstellungen gibt.
  Dazu kommt auch eine regelmäßige Reflexion des gemeinsamen Lernens. Die Kinder sollen sich nach einer Unterrichtseinheit immer wieder bewusst machen, was sie gelernt haben und was ihnen dabei geholfen hat (→ Moderation von Lernprozessen).

Auswahl von Materialien

- Geeignete Materialien:
  Bestimmte Aufgabenstellungen bedürfen und profitieren auch von einer Unterstützung durch geeignetes Lernmaterial. Dabei ist weniger oft mehr. Man sollte stets überlegen, welches Material für welches Kind wirklich zielführend sein kann und das mathematische Tun unterstützt. Langsamer lernende Kinder brauchen mitunter Material, um Rechenwege handelnd nachzuvollziehen. Diese sollten ihnen auch gegeben werden. Denn welches Kind benutzt dann noch freiwillig Material, wenn es irgendwann einmal gelernt hat, dass es ohne dieses schneller und praktischer rechnen kann?
- Lösungswege der Schüler nutzen:
  Wenn der Lehrer die Lösungswege der Schüler als Material für die Auseinandersetzung nutzen will, muss er sich zuallererst einmal intensiv mit den Denkweisen der Kinder auseinandersetzen. Das ist natürlich zeitaufwendig, aber auch spannend, denn man kommt so dem Denken der Kinder auf die Spur und ist oft überrascht, welch intelligente Lösungen die Kinder hervorbringen. Aus den Lösungswegen der Kinder sucht man sich vier bis fünf Beispiele aus, die „besprechenswert" sind. Sie sollen die Möglichkeiten bieten, Kriterien zu entdecken, die dem Lehrer als Lerninhalte wichtig sind und die Kinder zum Nachdenken, Stutzen und Fragen motivieren. (→ Standortbestimmung/ Eigenproduktionen oben).

Begleiten und Unterstützen der Lernprozesse

- Lehrer als Begleiter:
  Die Intervention in den verschiedenen Phasen sollte stets zurückhaltend erfolgen. Gerade in der Ich-Phase ist es mitunter wichtig, die Schüler auch einmal einen für uns im ersten Augenblick fehlerhaften Weg verfolgen zu lassen. Fehler sind wichtige Stationen im Lernprozess (→ Fehler).
- Lehrer als Unterstützer:
  Bevor man zu früh in Partner- oder Gruppendiskussionen eingreift, sollte man einen Moment zuhören. Um zielführend intervenieren zu können ist es wichtig zu wissen, wer welchen Standpunkt vertritt. Mit Forschertipps und guten Fragen kann ein Lehrer Arbeitsprozesse der Schüler voranbringen. Er kennt seine Schüler selbst am besten und weiß, wie ausdauernd diese arbeiten und in welchen Augenblicken sie wirklich Unterstützung benötigen. Aber auch hier gilt oft weniger ist mehr!
- Lehrer als Experte:
  Um als Unterstützer und Begleiter von Lernprozessen agieren zu können, muss der Lehrer selbst gut informiert sein. Man kann sich auf die Denkprozesse und Lösungsversuche der Schüler nur vorbereiten, indem man die Aufgabe vorher selbst gut durchdacht hat. Mögliche Schwierigkeiten lassen sich im Vorhinein vermuten und der Lehrer kann sich dafür Hilfestellungen zurechtlegen. Ob sie wirklich auftreten oder ob ganz andere Probleme entstehen, zeigt sich erst in der Unterrichtseinheit. Hier sind dann alle fachlichen, didaktischen und methodischen Kompetenzen des Lehrers gefragt.

Moderation von Lernprozessen

Bei der Kommunikation im Plenum hat der Lehrer die Aufgabe, Lernprozesse durch eine professionelle Moderation zu steuern.

Wichtig bei dieser Moderatoren-Tätigkeit ist es:

- die Gespräche durch geschicktes Aufrufen zu steuern
  → Dabei erweist es sich von Vorteil, wenn man sich in der vorausgehenden Einzelarbeit Notizen zu den Gedanken der Kinder gemacht hat.
- Sachverhalte nicht zu erklären, sondern den Kindern durch gute, formale Fragen Impulse zum Nachdenken zu geben
  → Warum ist das so? Was ist gleich? Was hat er/sie gemacht? Kannst du es erklären?
- die Kinder zu Experten zu machen
  → Nicht er, sondern sie erklären einander, was ihnen aufgefallen ist, wie vorgegangen wurde, wo die Fehler liegen.
- sich zurückzuhalten
- die Beiträge der Kinder zu loben
- Fehler zu loben und als wichtiges und gutes Mittel zum Lernen zu thematisieren
- ein Metabewusstsein fürs Lernen zu schaffen
  → Am Ende jeder Unterrichtsstunde sollten Fragen gestellt werden wie: Was hast du heute gelernt? Wer/Was hat dir geholfen? Was hat gut geklappt? Was war schwieriger? Warum?

Lob und Anerkennung

Lob und Anerkennung sind die wichtigsten Mittel, um eine vertrauensvolle Arbeitsatmosphäre, eine gute Gesprächskultur und eine Unterrichtskultur aufzubauen, bei der sich die Kinder interessiert und aufgeschlossen auf Entdeckungsreise begeben:

- Wenn Fehler regelmäßig als wichtige Stufen des Lernprozesses gelobt werden, bekommen sie auch für die Kinder einen anderen Stellenwert.
- Wenn alle guten Fragen und geäußerte Gedanken ernst genommen, werden sich die Kinder in Gesprächen auch angstfrei und engagiert äußern.
- Wenn gelungene Darstellungen, Wege und Ideen hervorgehoben werden, werden sich die Kinder um diese weiterhin bemühen.

Die vielleicht wichtigste Rolle des Lehrers besteht darin, die Schüler zu ermutigen und zu bestätigen sowie ihre Entdeckung wertzuschätzen.

Literaturverzeichnis

Büchter, Andreas/Hußmann, Stephan/Leuders,Timo/Prediger, Susanne: Den Zufall im Griff? – Stochastische Vorstellungen fördern. In: PM 4/2005.

Die Grundschulzeitschrift (Heft 244): Lerntagebücher. Friedrich.

Fabricius, Sandra (2009): Lerntagebücher im Mathematikunterricht. Oldenbourg Fortbildung.

Gallin, Peter/Ruf, Urs (1999): Ich mache das so! Wie machst du es? Das machen wir ab. Lehrmittelverlag des Kantons Zürich.

Hefendehl-Hebeker, Lisa (2003): Didaktik der Stochastik I: Wahrscheinlichkeitsrechnung, Vorlesungsausarbeitung, Duisburg.

Hirt, Ueli/Wälti, Beat (2008): Lernumgebungen im Mathematikunterricht. Natürliche Differenzierung für Rechenschwache bis Hochbegabte. Kallmeyer.

Rasch, Renate (2003): 42 Denk- und Sachaufgaben. Wie Kinder mathematische Aufgaben lösen und diskutieren. Kallmeyer.

Rasch, Renate (2009): Textaufgaben in der Grundschule. Lernvoraussetzungen und Konsequenzen für den Unterricht. Unter: http://mathdid.ph-gmuend.de/documents/md_2009/md_2009_Rasch_Textaufgaben.pdf

Ruwisch, Silke/Schaffrath, Susanne: Fragebox Mathematik. Kann das stimmen? vpm-Verlag.

Walther, Gerd: www.sinus-grundschule.de, Modul 1: Gute und andere Aufgaben.

Wittmann, Erich Ch. (1997). Aktiv-entdeckendes und soziales Lernen als gesellschaftlicher Auftrag. Schulverwaltung NRW 8, H. 5, 133–136.

Auer

Auer empfiehlt

Die optimale Ergänzung zu diesem Buch:

80 S., DIN A4

- Best-Nr. **06355**

Tanja Eggert, Anna Kleinschmidt

Auer Lernkontrollen Mathematik, Klasse 3/4

Direkt einsetzbare Lernkontrollen

- Mit Kopiervorlagen und Lösungen!

Immer wieder müssen Sie kontrollieren und dokumentieren, ob Ihre Schülerinnen und Schüler die Lernziele erreicht haben und ihr Leistungsniveau den Anforderungen der Bildungsstandards entspricht. Eigene Tests zu konzipieren, ist zumeist mühselig und kostet viel Zeit. Abhilfe schafft der vorliegende Band, der fundierte und direkt einsetzbare Lernkontrollen zu allen wichtigen Themen und Inhalten des Mathematikunterrichtes der 3. und 4. Klasse enthält. Die Ergebnisse können mithilfe der im Band aufgeführten Lösungen schnell und bequem ermittelt werden. Die Lernkontrollen sind vielseitig verwendbar: Als Tests, aber auch als Übungs- und Fördermaterial.

Die Themen:

- Zahlen und Operationen | Größen und Messen | Daten | Häufigkeit und Wahrscheinlichkeit | Raum und Form

Dieser Band enthält:

- Lernkontrollen zu allen wichtigen Bereichen des Mathematikunterrichtes der 3. und 4. Klasse | ca. 50 Kopiervorlagen | Lösungen zu allen Lernkontrollen

WWW.AUER-VERLAG.DE
WEBSERVICE
www.auer-verlag.de/go/
06355

Blättern im Buch

Download

Leseprobe

Weitere Titel zu dem Thema:

Bernd Ganser (Hg.), Marianne Schindler

Rechenschwäche überwinden, Band 2

Fehleranalyse/Lernstandsdiagnose mit Materialien und Kopiervorlage!

136 S., DIN A4 mit vielen farbigen Abbildungen

- Best-Nr. **04277**

Vivian Mohr

Kriminell gut rechnen, Klasse 3/4

Kurzkrimis z. Förderung mathematischer Kompetenzen!

68 S., DIN A4

- Best-Nr. **06705**

Gerrit Stäbe

Arbeitsblätter für den Mathematikunterricht 3

Arbeitsblätter für den Mathematikunterricht !

120 S., DIN A4

- Best-Nr. **07093**

Bestellschein (bitte kopieren und faxen/senden)

Ja, bitte senden Sie mir gegen Rechnung:

Anzahl	Best.-Nr.	Kurztitel
	06355	Auer Lernkontrollen Mathematik, Klasse 3/4
	04277	Rechenschwäche überwinden, Band 2
	06705	Kriminell gut rechnen, Klasse 3/4
	07093	Arbeitsblätter für den Mathematikunterricht 3

☐ Ja, ich möchte per E-Mail über Neuerscheinungen und wichtige Termine informiert werden.

E-Mail-Adresse

Auer Verlag
Postfach 1152
86601 Donauwörth

Fax: 09 06 / 73-178
oder einfach anrufen:
Tel.: 09 06 / 73-240
(Mo-Do 8:00-16:00 & Fr 8:00-13:00)
E-Mail: info@auer-verlag.de

Absender: Aktionsnummer: 9066

Vorname, Nachname

Straße, Hausnummer

PLZ, Ort

Datum, Unterschrift

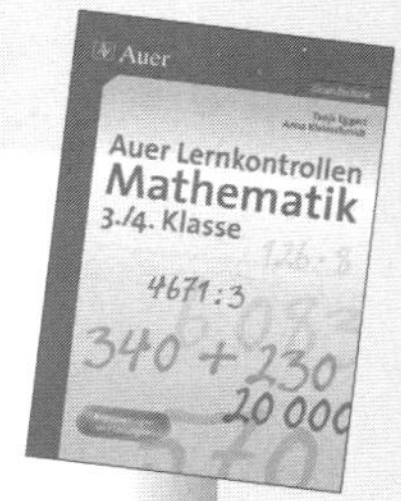

16 Umrechnen von Zeitpunkt, Zeitspannen und Zeitangaben (2)

Name: ____________________

4 Trage die Uhrzeiten ein.

a

Es vergehen 4 Stunden und 15 Minuten. →

____ Uhr ____

____ Uhr ____

b

Es vergehen 2 Stunden und 25 Minuten. →

____ Uhr ____

____ Uhr ____

c

Es vergehen 3 Stunden und 30 Minuten. →

____ Uhr ____

____ Uhr ____

5 Rechne um.

a 2 min = _____ sec	**b** 600 sec = ____ min	**c** 3 h = _____ min
4 min = _____ sec	180 sec = ____ min	½ h = _____ min
1,5 min = _____ sec	360 sec = ____ min	4 ¾ h = _____ min